跟着电网企业劳模学系列培训教材

配电自动化建设与运维

国网浙江省电力有限公司 组编

中国电力出版社
CHINA ELECTRIC POWER PRESS

内 容 提 要

本书是"跟着电网企业劳模学系列培训教材"之《配电自动化建设与运维》分册,采用"项目—任务"的篇章结构进行编写,以劳模跨区域培训的学员为对象,从任务描述、知识要点、技能要领三个方面进行论述,包含配电自动化概述、站所终端的规划与设计、环网箱(室)的改造、二遥站所终端的安装调试、三遥站所终端工程前期准备、三遥站所终端的安装调试与验收、终端日常运行与维护七部分内容。本分册以理论知识结合现场实际的阐述方式,对配电自动化的建设与运维做了详细的介绍。

本书可供电网企业配电自动化建设与运维相关人员学习参考。

图书在版编目(CIP)数据

配电自动化建设与运维 / 国网浙江省电力有限公司组编 . —北京:中国电力出版社,2020.12
跟着电网企业劳模学系列培训教材
ISBN 978-7-5198-5043-2

Ⅰ. ①配⋯　Ⅱ. ①国⋯　Ⅲ. ①配电自动化－技术培训－教材　Ⅳ. ① TM76

中国版本图书馆 CIP 数据核字(2020)第 192076 号

出版发行:中国电力出版社
地　　　址:北京市东城区北京站西街 19 号(邮政编码 100005)
网　　　址:http://www.cepp.sgcc.com.cn
责任编辑:穆智勇(zhiyong-mu@sgcc.com.cn)
责任校对:黄　蓓　于　维
装帧设计:张俊霞　赵姗姗
责任印制:石　雷

印　　　刷:河北华商印刷有限公司
版　　　次:2020 年 12 月第一版
印　　　次:2020 年 12 月北京第一次印刷
开　　　本:710 毫米 ×980 毫米　16 开本
印　　　张:11.5
字　　　数:162 千字
印　　　数:0001—1500 册
定　　　价:48.00 元

编 委 会

编 写 组

丛书序

  国网浙江省电力有限公司在国家电网有限公司领导下，以努力超越、追求卓越的企业精神，在建设具有卓越竞争力的世界一流能源互联网企业的征途上砥砺前行。建设一支爱岗敬业、精益专注、创新奉献的员工队伍是实现企业发展目标、践行"人民电业为人民"企业宗旨的必然要求和有力支撑。

  国网浙江省电力有限公司为充分发挥公司系统各级劳模在培训方面的示范引领作用，基于劳模工作室和劳模创新团队，设立劳模培训工作站，对全公司的优秀青年骨干进行培训。通过严格管理和不断创新发展，劳模培训取得了丰硕成果，成为国网浙江省电力有限公司培训的一块品牌。劳模工作室成为传播劳模文化、传承劳模精神，培养电力工匠的主阵地。

  为了更好地发扬劳模精神，打造精益求精的工匠品质，国网浙江省电力有限公司将多年劳模培训积累的经验、成果和绝活，进行提炼总结，编制了"跟着电网企业劳模学系列培训教材"。该丛书的出版，将对劳模培训起到规范和促进作用，以期加强员工操作技能培训和提升供电服务水平，树立企业良好的社会形象。丛书主要体现了以下特点：

  一是专业涵盖全，内容精尖。丛书定位为劳模培训教材，涵盖规划、调度、运检、营销等专业，面向具有一定专业基础的业务骨干人员，内容力求精练、前沿，通过本教材的学习可以迅速提升员工技能水平。

  二是图文并茂，创新展现方式。丛书图文并茂，以图说为主，结合典型案例，将专业知识穿插在案例分析过程中，深入浅出，生动易学。除传统图文外，创新采用二维码链接相关操作视频或动画，激发读者的阅读兴趣，以达到实际、实用、实效的目的。

  三是展示劳模绝活，传承劳模精神。"一名劳模就是一本教科书"，丛书对劳模事迹、绝活进行了介绍，使其成为劳模精神传承、工匠精神传播的载体和平台，鼓励广大员工向劳模学习，人人争做劳模。

丛书既可作为劳模培训教材，也可作为新员工强化培训教材或电网企业员工自学教材。由于编者水平所限，不到之处在所难免，欢迎广大读者批评指正！

最后向付出辛勤劳动的编写人员表示衷心的感谢！

丛书编委会

前　言

　　配电自动化技术以配电网一次网架和设备为基础，综合利用计算机、信息及通信等技术，实现对配电网的实时监测、控制和快速故障隔离，在为配电管理系统提供实时数据支撑的同时，达到提高供电可靠性、优化运行方式、改善供电质量、提升电网运营效益的目的。为切实提高配电自动化建设与运维人员的技术技能水平，确保配电自动化建设与运维工作安全、准确、高效地开展，特编写本书。

　　本书从配电自动化基本概念出发，介绍了主站、通信和终端的基本构成和基本功能；重点阐述了站所终端建设的理论知识、规程规范和现场实际工作中需要掌握的技能，内容涵盖站所终端的规划设计、环网箱（室）的改造、施工前期准备、现场安装调试和验收；最后介绍终端的日常运行与维护、运维管理要求，以及相关典型缺陷、故障的案例分析。全书旨在帮助终端建设人员快速掌握相关知识要点和技能要领，帮助运维人员提高处理终端缺陷或故障的能力，从而保障设备安全稳定运行。

　　本书内容侧重于站所终端的规划设计、安装调试与运行维护，对配电自动化主站、通信和其他类型的终端仅作简略介绍，具有针对性强和实用性强的特点。

　　本书在编写过程中得到了孙志达、孔锦标、杨庆赟、林恺丰、梁轶竣等专家的大力支持，在此谨向参与本书审稿、业务指导的各位领导、专家和有关单位致以由衷的感谢！

　　由于编写时间和编者水平所限，书中难免有不妥或疏漏之处，敬请各位专家和读者批评指正。

编　者

2020 年 11 月

目 录

九域劳模创新工作室

为提升企业自主创新能力，充分发挥劳模带动作用，国网浙江东阳市供电公司于2010年3月成立了劳模创新工作室，借用电网无功调节九域图概念，将工作室命名为"九域劳模创新工作室"。

多年来，工作室一直专注于变电运检领域，在以"努力超越、追求卓越"的国家电网企业文化精神为导向的同时，将安全生产、师徒传承、创新驱动等思维模式融入其中，培育了"爱岗敬业、快乐工作、业务精通、努力奋斗、创新求知、持续成长、师徒传承、坚韧不拔、和谐团队"的新九域精神。

工作室始终围绕安全生产工作，坚持以创新引领驱动长效发展，协同内外优势资源，通过团结协作、分工合作，充分发挥班组成员潜能，激发青年员工创造力与能动性，促进班组建设、人才培养有序提升。秉承"劳模辐射、勇担责任、俯身奉献、创新致远"的理念，工作室立足于群创项目、QC小组活动、专利申报、成果转化等创新创效实践，先后取得了一系列自主性科技创新成果，并于2019年晋升为"国网浙江省电力有限公司劳模创新工作室示范点"。

工作室成立以来，累计共获得国家知识产权局授权实用新型专利25项，发明专利6项。科技成果上，从检修工具的研制、检修模式的改进，到软硬件全系统的探索，工作室从未停歇前进的步伐。如储能弹簧拆装器的研制，实现单间隔三相电缆头拔出时间减少为原来的27%，电缆头重复利用率由0提高到100%，且只需单人完成；基于互联网的配电网定相系统实时完成配电网高低压交流远程自动定相，并具备无信号状态下的定相功能；电力设备过热故障智能监测与诊断系统解决了配网设备如10kV开关静触头等特殊部位无法测温难题，有效排除设备过热隐患，在2019年国网浙江省电力有限公司职工创新成果转化交易会上完成创新成果的转化交易，实现良好的创新收益。

在对青年人才的培养上，强化成员的动手能力，将工作室与班组深度融合，构建安全生产为主、以创新思维促进班组发展建设的长效化培养路径。工作室成员所在的班组曾被授予团中央青年安全生产示范岗、国家电网公司先进班组、全国质量信得过班组等多项荣誉。在未来，九域劳模创新工作室将以助推青年人成长成才为目标，秉承国家电网有限公司"为建设具有中国特色国际领先的能源互联网企业"而持续奋斗！

项目一

配电自动化概述

≫【项目描述】　本项目主要讲述配电自动化系统的相关理论知识，包含配电自动化主站、通信、终端三方面内容。通过介绍，使读者宏观了解配电自动化系统的同时，熟悉配电自动化主站、通信、终端相关理论知识，充分掌握其基本构成和基本功能。

任务一　配电自动化主站

≫【任务描述】　本任务主要讲解配电自动化主站的相关内容。通过概念描述、图表示意等形式，简述配电自动化主站的基本概念、总体要求及功能配置。

≫【知识要点】

（1）介绍配电自动化主站、配电自动化子站的概念。

（2）介绍配电自动化主站硬件、软件配置，了解并掌握其主要配置原则。

（3）介绍配电自动化主站及子站的结构。

≫【技能要领】

一、总体要求

配电自动化主站（子站）是配电自动化系统的核心组成部分，在配电自动化系统建设过程中，应满足以下要求：

（1）配电自动化主站（子站）应构建在标准、通用的软硬件基础平台上，满足可靠性、可用性、扩展性和安全性等要求，根据各地区的配电网规模、建设模式等情况相应地配置软件及硬件。

（2）配电自动化主站（子站）主要设备应采用双机、双网冗余配置，以满足可靠性和系统性能指标的要求。

（3）配电自动化主站（子站）应有安全、可靠的供电电源保障。

（4）服务器与工作站宜采用国产 UNIX/LINUX 操作系统和成熟可靠

的支撑和应用软件，以满足相关技术标准和规范的要求。

（5）宜依据地区供电可靠性需求、配电网规模、接入容量等现实要求合理配置主站（子站）规模和功能模块。

二、基本概念

1. 配电自动化主站系统

配电自动化主站系统（master station system of distribution automation）简称配电主站，是配电自动化系统的核心部分，主要实现配电网数据采集与监控等基本功能和电网拓扑分析应用等扩展功能，并具有与其他应用信息系统进行信息交互的功能，为配电网调度指挥和生产管理提供技术支撑。

2. 配电自动化子站

配电自动化子站（slave station of distribution automation）简称配电子站，是指配电自动化系统的中间层设备，主要用以实现所辖范围内的信息汇集与处理、故障处理、通信监视等功能。

三、硬件配置

配电自动化主站（子站）硬件主要包括数据库服务器、SCADA 服务器、前置采集服务器、接口服务器、应用服务器、磁盘阵列、Web 服务器以及配调工作站、维护工作站、二次安全防护装置、网络设备、对时装置及相关外设等，还可根据系统可靠性需求，增设其他相关硬件设备。某配电子站硬件设备的典型配置如表 1-1 所示。

表 1-1　　　　　某配电子站硬件设备的典型配置

序号	设　备
1	调度员工作站
2	维护工作站
3	图模调试工作站
4	双屏延长线
5	单屏延长线
6	交换机

序号	设　　备
7	安全接入区相关设备
8	打印机
9	标准机柜

四、软件配置

配电自动化主站（子站）功能主要包含公共平台服务、配电 SCADA 功能、馈线故障处理、网络分析应用和智能化四个方面。这些功能又可划分为基本功能和扩展功能。

（1）基本功能。主要包括数据的采集与处理、事件顺序记录、事故追忆/回放、系统时间同步、控制与操作、防误闭锁、故障定位、配电终端在线管理、配电通信网络工况监视、与上一级电网调度自动化系统网络拓扑着色、馈线故障处理等。

（2）扩展功能。主要包括：通过与其他应用系统互联及互动化应用，整合相关信息，扩展综合性应用；网络拓扑分析、状态估计、潮流计算、合环分析、负荷转供、负荷预测等配电网分析应用；配电网自愈（快速仿真、预警分析）、计及分布式电源/储能装置的运行控制及应用、经济优化运行等功能。

五、主要技术指标

配电主站的主要技术指标要求见表 1-2。

表 1-2　　　　　　　　　　配电主站的主要技术指标

内　　容		指　　标
冗余性	（1）热备切换时间	≤20s
	（2）冷备切换时间	≤10min
可用性	主站系统设备年可用率	≥99.9%
计算机资源负载率	（1）CPU 平均负载率（任意 5min 内）	≤40%
	（2）备用空间（根区）	≥10%（或 10G）

内　　容		指　　标
系统节点分布	（1）可接入工作站数	≥40
	（2）可接入分布式数据采集的片区数	≥6
Ⅰ、Ⅲ区数据同步	（1）信息通过正向物理隔离时的数据传输延时	<3s
	（2）信息通过反向物理隔离时的数据传输延时	<20s
画面调阅响应时间	（1）90％画面	<4s
	（2）其他画面	<10s
配电 SCADA	（1）可接入实时数据容量	≥100000
	（2）可接入终端数（每组分布式前置）	≥2000
	（3）可接入控制量	≥6000
	（4）实时数据变化更新延时	≤3s
	（5）主站遥控输出延时	≤2s
	（6）事件记录分辨率	≤1ms
	（7）历史数据保存周期	≥2 年
	（8）事故推画面响应时间	≤10s
	（9）单次网络拓扑着色延时	≤5s
馈线故障处理	（1）系统并发处理馈线故障个数	≥20
	（2）单个馈线故障处理耗时（不含系统通信时间）	≤5s
负荷转供	单次转供策略分析耗时	≤5s

六、基本结构

配电自动化主站的典型建设模式有独立主站模式、远程分布式子站模式、调配一体化模式三种。根据统筹规划，综合考虑市、县级供电公司电网规模、负荷情况、运行维护水平等多方面因素，遵循国家电网有限公司配电自动化建设相关技术标准规范，以"做精智能化调度控制，做强精益化运维检修，加固信息安全防护"为目标，基于"新一代"主站系统架构，应用"大数据""云计算"相关技术，开展"一体化"配电主站系统建设。自动化信息主站的结构如图 1-1 所示。

通过采用"1＋N＋X"的部署方式（见图 1-2），深入服务配电网调度运行和运维检修业务，升级改造各地市配电自动化主站并接入省级管理信息大区主站，全面建设能够适应于配电网全覆盖和跨生产控制大区、省公司管理信息大区应用的新型配电自动化系统。

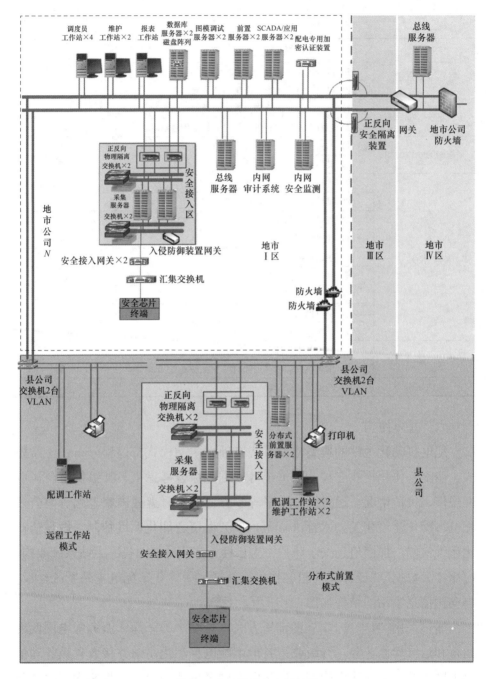

图 1-1　自动化信息主站结构

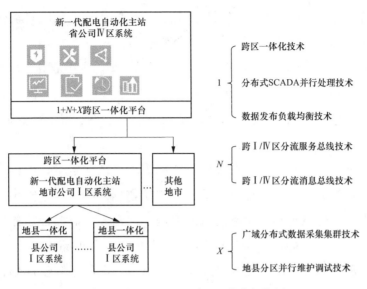

图 1-2 "1+N+X"跨区一体化架构图

任务二 配电自动化通信

>> 【任务描述】 本任务主要讲解配电自动化通信的相关内容。通过概念描述、原理分析等方式,帮助读者对配电自动化通信的基本概念、组成构架、总体要求建立系统性的认识,掌握配电自动化通信的建设要求、配电通信网主要设备及技术参数、配电通信网的组成、配电通信网组网方式等知识要点。

>> 【知识要点】

(1)熟知配电自动化通信建设的要求,并以此作为建设与验收标准。

(2)了解并掌握配电自动化通信的主要设备、技术参数、组成,理解配电网通信的架构及组网方式。

>> 【技能要领】

一、配电自动化通信的建设要求

配电自动化系统中,通信作为配电终端与配电主站之间的信息媒介,起着数据信号、信息指令等"上传下达"的重要作用。配电自动化通信的建设是配电自动化建设改造环节中的重要一环。

配电通信网（distribution communication network）是由终端业务节点接口到骨干通信网下联接口之间一系列的传送实体组成，承载着 110kV 及以下的配电业务，是具有多业务承载、信息传送、网管等功能的通信网络。通信网建设的总体要求如下：

（1）配电通信网的规划设计应对业务需求、技术水平、运行维护及投资合理性进行充分论证。配电通信网应遵循数据采集可靠、安全、实时的原则，在满足配电自动化业务需求的前提下，充分考虑综合业务应用需求和通信技术发展趋势，做到统筹兼顾、分步实施、适度超前。

（2）配电通信网所采用的光缆应与配电网一次网架同步规划、同步建设，或预留相应位置和管道，满足配电自动化中长期建设和业务发展需求。

（3）配电通信网建设可选用光纤专网、无线公网、无线专网等多种通信方式，规划设计过程中应结合配电自动化业务分类，综合考虑配电通信网实际业务需求、建设周期、投资成本、运行维护等因素，选择技术成熟、多厂商支持的通信技术和设备，保证通信网的安全性、可靠性、可扩展性。

（4）配电通信网通信设备应采用统一管理方式，在设备网管的基础上充分利用通信管理系统（communication management system）实现对配电通信网中各类设备的统一管理。

（5）配电通信网应满足二次安全防护要求，采用可靠的安全隔离和认证措施。

（6）配电通信设备电源应与配电终端电源一体化配置。

二、配电通信网主要设备及技术参数

1. EPON（以太网无源光网络）

EPON（ethernet passive optical network）即以太网无源光网络，是基于以太网的 PON（passive optical network）技术。它采用点到多点结构、无源光纤传输，基于以太网提供多种业务，综合了 PON 技术和以太网技术的优点，具有低成本、高带宽、扩展性强、与现有以太网兼容、方便管理等优点，广泛应用于电力系统通信。

2. 光线路终端

OLT（optical line terminal）即光线路终端，一般配置在变电站内，用于连接光纤干线的终端设备，向光网络单元（optical network unit，ONU）以广播方式发送以太网数据，负责将所连接 EPON 网络的数据信息综合并且接入骨干层通信网络。OLT 设备技术参数见表 1-3。

表 1-3　　　　　　　　　　　　OLT 设备技术参数

业务承载能力	以太网业务	可承载普通以太网业务，同时可承载网络电视业务
	语音业务（VoIP）	可承载语音业务（VoIP）
	用电信息采集业务	可承载用电信息采集业务
	配网自动化	支持 IEC 60870-5-101—2003、IEC/TS 60870-5-104—2013、BSI PD IEC/TR 61850-90-1—2010
设备要求	设备接口及接口技术指标	机架式设备 PON 口数不小于 40，设备支持 PON 口的光纤 1+1 保护功能（b 类、c 类或其他类型），网络侧接口双路保护
	主控模块功能	满足无阻塞交换，单主控模块交换容量不小于 960G，支持负荷分担方式，最大支持 1920G 交换容量
	上联 GE 接口	GE 接口类型应为光口和 10/100/1000 自适应电口；OLT 主控板应提供不低于 4 个 GE 上联接口，并有至少 2 个单独的上联槽位；可通过业务槽位扩展上联接口，GE 接口应符合国家电网有限公司信息技术标准 IEEE 802.3—2005 中关于接口的规定
	OLT PON 接口技术指标	PON 接口应符合 YD/T 1475—2006《接入网技术要求——基于以太网方式的无源光网络（EPON）》的规定
	以太网基本功能	具备支持二层隔离功能，支持三层交换功能
	VLAN 功能	OLT 应同时支持 4000 的 VLAN 数，VLAN ID 的范围是 1～4094。OLT 网络侧接口应配置为 SVLAN TRUNK 和 VLAN TRUNK 两种模式中的一种
	ONU 断电通知功能	ONU 应具有通过 OAM 的 Dying Gasp 事件通知功能将自身掉电事件通知 OLT 的能力，OLT 应能将该事件传送给 EMS
	带宽管理功能	带宽最小分配粒度不应大于 64kbit/s，最小可配置带宽不应大于 64kbit/s，带宽控制的精度应优于 ±5%
	业务等级协定（SLA）	要求速率限制最小可配置带宽不大于 512kbit/s，带宽最小分配粒度不应大于 256kbit/s；限制结果精确，误差不大于 5%
	组播功能要求	EPON 系统应支持 IGMP V2（RFC 2236），支持 IGMP Proxy 功能
	设备安全性	EPON 系统下行方向应支持三重搅动（Triple Churning），OLT 应支持基于 ONU 的 MAC 地址的认证方式，支持上联保护和电源冗余保护

续表

性能要求	以太网/IP 业务性能指标要求	（1）吞吐量：在业务满配（32 个 ONU）的情况下，PON 接口上行方向最大吞吐量应不小于 900Mbit/s，PON 接口下行方向最大的吞吐量应不小于 970Mbit/s。 （2）丢包率：在上下行业务流量各为 1Gbit/s 的情况下，其 PON 接口上行方向的丢包率应小于 10%（任意以太网包长），PON 接口下行方向的丢包率应小于 5%（任意以太网包长）。在特定流量下（吞吐量的 90%）的以太网业务的长期（24h）丢包率应为 0。 （3）延时：在业务流量不超过该系统吞吐量的 90% 的情况下，其上行方向（UNI～SNI）的传输延时应小于 1.5ms（64～1518Byte 之间的任意以太网包长），下行方向（SNI～UNI）的传输延时应小于 1ms（任意以太网包长）
供电、环境和安全性要求	供电要求	交、直流电源输入（220VAC，−48VDC）
	环境要求	当 OLT 和 ONU 间的光纤处于 −25～55℃ 的温度交变环境内时，OLT 能正常工作，业务性能不应恶化或中断。 工作温度为 −10～55℃，工作湿度为 10%～90%（非凝露）。 在 86～106kPa 大气压力条件下能正常工作。 直径大于 5μm 的灰尘在浓度小于等于 3×10^4 粒/m³ 的条件下设备能正常工作
	电气安全要求	设备应安装过电压、过电流保护器，过电压、过电流保护器在外接电源异常时保护设备的核心部分

如图 1-3 所示，OLT 设备放置在标准通信柜中，设备外壳应与通信柜接地端子可靠连接。光缆经过配线架分纤后利用跳纤连接至 OLT 业务板上PON 口；OLT 设备通过 GE 板出线与前端设备连接，连接线用五类网线。OLT 通常设备布置在变电站控制室，其电源取自变电站内通信电源屏。

3. 光网络单元

ONU（optical network unit）即光网络单元；分为有源光网络单元和无源光网络单元。一般把装有包括光接收机、上行光发射机、多个桥接放大器网络监控的设备称为光节点。PON 使用单光纤连接到 OLT，然后再连接到 ONU。ONU 提供数据、视频、语音等业务，具有以下功能：

（1）对 OLT 发送的广播进行选择性接收，若需要接收该数据要对OLT 进行接收响应。

（2）对用户需要发送的以太网数据进行收集和缓存，按照被分配的发送窗口向 OLT 端发送该缓存数据。

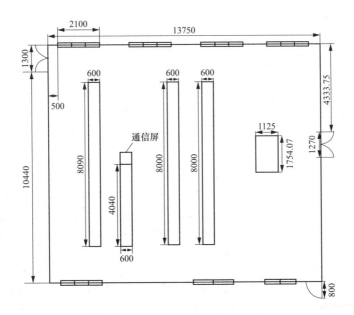

图 1-3　某变电站 OLT 设备平面布置（单位：mm）

应用 ONU 可有效提高整个系统的上行带宽利用率，还能根据网络应用环境和适用业务特点对信道带宽进行配置，在不影响通信效率和通信质量的前提下承载尽量多的终端用户，提高网络利用率，降低用户成本。ONU 设备技术参数见表 1-4。

表 1-4　　　　　　　　　　ONU 设备技术参数表

技术指标	ONU	工业级；双 PON 口上行并可灵活拔插 SFP 模块，下行 4 个 GE/FE 自适应口，4 个 RS-232/485 口
	RS-485 串口功能	支持 TCP Server、TCP Client、UDP 会话方式，可设置 IP 地址；支持多个串口的端口绑定，即同一 ONU 下多个串口支持并发通信
	接口技术指标	ONU 设备 PON-R 光口的平均发送光功率应符合范围－1～＋4dBm；ONU 设备光接收机灵敏度应符合范围为小于等于－24dBm
	PON 技术指标	PON 接口应符合 YD/T 1475—2006《接入网技术要求——基于以太网方式的无源光网络（EPON）》的规定
	分光功能	配有 1 分 2 不等分分光器，分光比 10∶90
设备要求	以太网基本功能	ONU 的单播 MAC 地址缓存能力应不低于 8K，ONU 应支持对各以太网端口之间的二层隔离
	VLAN 功能	ONU 的用户侧接口应支持 VLAN Trunk 功能，ONU 每个以太网端口支持至少 8 个 VLAN ID，VLAN ID 的范围是 1～4094

续表

设备要求	带宽管理功能	带宽最小分配粒度不应大于 64kbit/s，最小可配置带宽不应大于 64kbit/s，带宽控制的精度应优于±5％
	QoS 机制要求	支持业务分流分类，支持对上行业务进行优先级标记，ONU 每个用户侧端口应支持至少 4 个优先级队列，每个 ONU 的上、下行总缓存不应小于 256kB，ONU 的上、下行缓存应相互独立；ONU 的上、下行的最大可用缓存均应不小于 128kByte
	组播功能要求	采取 SCB＋IGMP 的方式实现组播业务的分发，利用组播 VLAN 实现用户的组播业务访问权限控制，支持 IGMP V2（RFC 2236），可选支持 IGMP V3（RFC 3376）和组播管理协议 MIB（RFC 2933）
	设备安全性	PON 接口数据安全下行方向应支持三重搅动，支持基于端口的用户 MAC 地址数量限制的功能，支持帧过滤和抑制，支持静默机制
	手拉手保护	设备应支持手拉手保护倒换功能
	操作维护管理要求	EPON 系统操作维护管理功能应支持对 OLT 和 ONU 的配置、故障、性能、安全等管理功能，支持 OAM 方式的远程管理
	远程强制重启功能	ONU 设备宜具备远程强制重启功能
性能要求	以太网/IP 业务性能指标要求	（1）吞吐量：仅承载以太网/IP 业务时，PON 接口上行方向的吞吐量应不小于 900Mbit/s（64～1518Byte 之间的任意包长），PON 接口下行方向的吞吐量应不小于 950Mbit/s（任意包长）。 （2）延时：上行方向（UNI～SNI）的传输时延应小于 1.5ms（64～1518Byte 之间的任意以太网包长），下行方向（SNI～UNI）的传输时延应小于 1ms（任意以太网包长）。 （3）丢包率：在上下行业务流量各为 1Gbit/s 的情况下，其 PON 接口上行方向的丢包率应小于 10％（任意以太网包长），PON 接口下行方向的丢包率应小于 5％（任意以太网包长）。在特定流量下（吞吐量的 90％）的以太网业务的长期（24h）丢包率应为 0
供电、环境和安全性要求	供电和电器安全性	正常情况下，设备的绝缘电阻不应小于 50MΩ。设备在接地电阻小于 5Ω 条件下可正常运行
	供电要求	支持交、直流供电方式，直流供电范围 9～60V、交流供电范围 90～263V
	温度、湿度要求	湿度环境为 5％～100％无凝露；温度环境为－40～70℃
	电磁兼容性等级	EMC 等级 Class B 以上
	防雷能力	GE/FE 口防雷能力 6kV，串口防雷能力 4kV
	设备安装方式	ONU 设备应具备便利的安装方式，应详细说明设备安装方式
	设备状态指示灯	ONU 应具有足够的状态指示灯，用于指示 ONU 的运行状态

如图 1-4 所示，ONU 设备放置于 DTU 箱，可水平摆放，也可挂于箱体内壁，应便于数据采集线（五类网线）进出及连接，固定牢靠；设备外壳应与 DTU 内接地装置连接。

图 1-4　ONU 设备示意

接续盒安放位置由工程施工实际确定，接续盒应固定于光缆路径上方便检修的位置，同路敷设的两条光缆的接续点应错位设置。接续盒应具有以下功能：

（1）具有恢复光缆护套的完整性和光缆加强构件的机械连续性的功能。

（2）具有光纤接头免受环境影响的功能。

（3）提供光纤的安放和余留光纤存储的功能。

其他性能参数及要求应满足 YD/T 814.1—2004《光缆接头盒　第 1 部分：室外光缆接头盒》的规定。

4. SDH（同步数字体系）

SDH（synchronous digital hierarchy）即同步数字体系，是根据 ITU-T 的建议定义，以不同速率的数字信号传输提供相应等级的信息结构，包括复用方法和映射方法，以及相关的同步方法组成的一个技术体制。如电力系统利用 SDH 环路承载内部的数据、远控、视频、语音等业务。

5. 光缆配线架

光缆配线架 ODF（optical distribution frame）（见图 1-5）用于光缆通信系统中局端主干光缆的成端和分配，可方便地实现光缆线路的连接、分配和调度等功能。光缆配线架应具备以下功能：

（1）光缆固定与保护功能。具有光缆引入、固定和保护装置，该装置将光缆引入并固定在机架上，保护光缆及缆中纤芯不受损伤。光缆金属部分与机架绝缘，固定后的光缆金属护套及加强芯可靠连接高压防护接地装置。

（2）光缆终接设备。具有光缆终接装置，该装置便于光缆纤芯及尾纤接续操作、施工、安装和维护；固定和保护接头部位平直而不位移，避免外力影响，保证盘绕的光缆纤芯、尾纤不受损伤。

（3）调线功能。通过光缆跳线连接器，能迅速方便地调度光缆中的纤芯序号及改变光传输系统的路序。

（4）光缆纤芯和尾纤的保护功能。光缆开剥后，纤芯有保护装置，在固定后引入光缆终接装置。

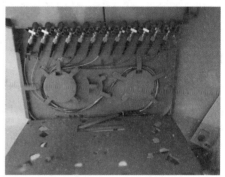

图 1-5　光缆配线架

6. 光缆终端盒

光缆终端盒是光纤传输通信网络中终端配线的辅助设备，适用于室内光缆的直接和分支接续，并对光缆接头起保护作用。光缆终端盒的主要作用是对光缆终端的固定，光缆与尾纤的熔接及余纤收纳。光缆终端盒具体参数见表 1-5。

表 1-5　　　　　　　　　　　　光缆终端盒参数表

参数名称	数值或要求
终端盒类型	机架式
设备尺寸	长宽应与 DTU 通信箱尺寸对应，1U 高度
光缆类型	普通室外型通信用光缆

参数名称	数值或要求
进缆方式	后进
进缆数量	1～2 条
光缆接续容量	24 芯
法兰盘及适配器	24 组，SC/FC 接口
尾纤	24 条

光缆成端时的要求如下：

（1）光缆终端盒安装位置应平稳安全。

（2）光缆在终端盒内的死接头应采用接头保护措施并使其固定，剩余光缆在盒内盘绕时的曲率半径应大于规定值。

（3）从光缆终端盒引出单芯光缆或尾巴光缆所带的连接器，应按要求插入光通信设备的连接插座内。暂时未使用的连接器应带上端帽，以免灰尘侵蚀连接器的光敏面，造成连接器损耗增大。

（4）光缆应在醒目的位置标明方向和序号。

三、配电通信网的组成

配电自动化的通信架构由骨干通信网和配电通信接入网两部分组成，如图 1-6 所示。

1. 骨干通信网

骨干通信网络用于实现配电主站和配电子站之间的通信。通过光缆传输网，配电子站汇集的信息通过网络方式接入 SDH/MSTP 通信网络或直接承载在光缆网上。在满足有关信息安全标准前提下，可采用虚拟专网方式实现骨干层通信网络。

2. 配电通信接入网

配电通信接入网用于实现配电主站（子站）和配电终端之间的通信。接入层通信网建议采用以太网无源光网络 EPON 技术组网。

四、配电通信网组网方式

（1）有线组网。宜采用光缆通信介质，以有源光网络或无源光网络方式组成网络。有源光网络优先采用工业以太网交换机，组网宜采用环型拓扑结构；无源光网络优先采用 EPON 系统，组网宜采用"手拉手"结构，如图 1-6 所示。

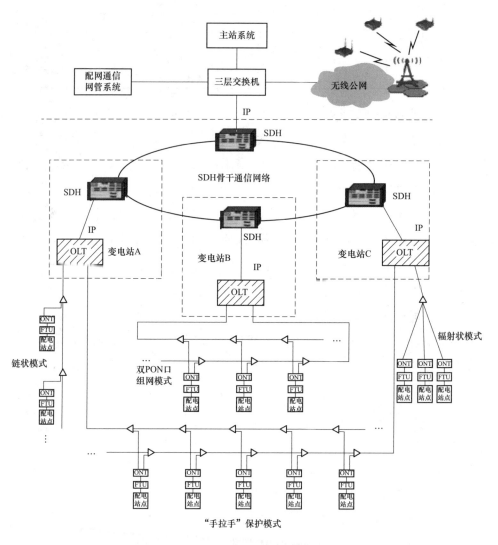

图 1-6　配电自动化通信网络架构

　　EPON 光通信方式具有传输质量好、中继距离长、不受大电流等干扰影响、运行费用低、技术成熟、安全性高等诸多优势。在常用的 EPON 组网策略中，以太无源光网络技术采用一点到多点的无源分配光

纤网构造连接局端与用户。EPON 网络由光线路终端 OLT、光网络单元
ONU 和光缆交接箱组成（见图 1-7）。利用 OLT、ONU 设备组成星型、
链型与辐射型等网络结构，通过主干网 OLT 汇入变电站 SDH（同步数字
体系）实现配电自动化通信功能，完成主站分析处理，从而实现对配电
网的实时监视与运行控制。

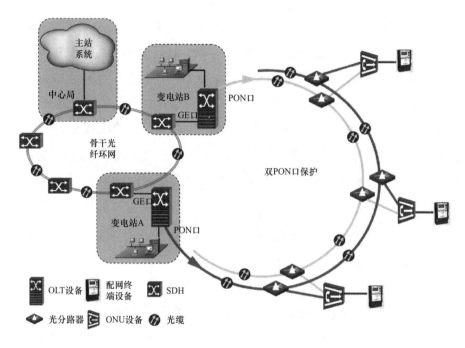

图 1-7　有线组网方式示意

EPON 采用"手拉手"全保护倒换型拓扑结构，以变电站为汇聚点，
根据开闭所、环网单元的地理分布形态，结合变电站 10kV 出线的电气接
线结构，各开闭所、环网单元串接成链状两点接入变电站 OLT 的不同
PON 口；OLT1 和 OLT2 分别安装在不同的 110kV 变电站，ONU 设备安
装在环网箱/开关站处，光缆中断或 OLT 设备失效时均能实现保护；由
ONU 设备选择接入不同的 OLT，辅以环带链结构，在对单链结构进行设
计时，考虑以后扩容，同样以"手拉手"方式为基本架构，为以后线路扩
容留下空间，如图 1-8 所示。

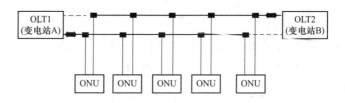

图 1-8　EPON "手拉手" 两点接入结构

（2）无线组网。可采用无线公网和无线专网方式。采用无线公网通信方式时，应采取专线 APN 或 VPN 访问控制、认证加密等安全措施；采用无线专网通信方式时，应采用国家无线电管理部门授权的无线频率进行组网，并采取双向鉴权认证、安全性激活等安全措施。

由于配电自动化覆盖面广、设备多、种类繁多，要实现配电自动化首先要解决可靠性通信问题，并保障能在恶劣天气下正常工作，抵抗高电压、大电流、雷电等强电磁干扰，故障率及中断时间必须尽量低，具备通信系统监测功能，且不受网络结构变化和单点故障的影响。在满足可靠性供电的基础上，选择合理的通信方式完成配电自动化系统建设尤为重要。

任务三　配电自动化终端

≫【任务描述】　本任务主要讲解配电自动化终端有关内容。通过概念描述、术语说明、表格等方式，使读者了解配电自动化终端的基本概念、种类、功能要求等内容。

≫【知识要点】

（1）了解并掌握配电自动化远方终端、馈线终端、站所终端、配变终端等概念和功能。

（2）熟悉配电自动化中 "二遥" "三遥" 的概念。

（3）重点掌握配电自动化站所终端的配置原则。

≫【技能要领】

一、总体要求

（1）配电终端应满足高可靠、易安装、免维护、低功耗的要求，并应提供标准通信接口，以达到节省建设投资、降低运维要求、提高投资效益的目的。

（2）应根据供电区域类别、线路类型、开关设备条件、通信条件及监控需求，灵活选择故障处理模式，合理配置配电终端设备。

（3）对供电可靠性要求较高的线路可适量配置带遥控功能的终端。

（4）配电终端主电源宜采用单独安装电压互感器或就近从低压电网取电的方式，也可采用电流互感器供电方式或其他新能源供电方式，同时应配置免维护后备电源；供电电源应满足终端运行、操作控制和通信设备供电需求。

二、基本概念

1. 配电自动化远方终端

配电自动化远方终端（remote terminal unit of distribution automation，RTU）简称配电自动化终端、配电终端，是安装在配电网的各种远方监测、控制单元的总称，用于完成数据采集、控制和通信等功能，主要包括馈线终端、站所终端、配变终端等。

2. 馈线终端

馈线终端（feeder terminal unit，FTU）是指安装在配电网架空线路杆塔等处具有遥信、遥测、遥控和馈线自动化功能的配电自动化终端。

3. 站所终端

站所终端（distribution terminal unit，DTU）是指安装在配电网开关站、配电室、环网柜、箱式变电站等处具有遥信、遥测、遥控和馈线自动化功能的配电自动化终端。

4. 配变终端

配变终端（transformer terminal unit，TTU）是指用于配电变压器的

各种运行参数的监视、测量和保护的配电自动化终端。

5. 三遥、二遥

"三遥"主要指配电自动化主站（子站）与配电自动化终端之间，各种用于"遥信、遥测、遥控"的信号、指令、数据，实现配电自动化终端遥信上传、遥测上传以及远方遥控分合闸的功能。"二遥"与"三遥"相比较，主要指具备遥信、遥测功能，而不具备遥控功能。

其中，三遥站所终端和二遥站所终端主要应用于环网箱（室）。

三、终端功能

配电终端功能应满足以下要求：

（1）配电终端功能应符合 DL/T 721—2013《配电网自动化系统远方终端》的要求。

（2）配电终端应支持符合 DL/T 634《远动设备及系统》系列标准的101、104 通信规约，宜支持符合 DL/T 860《电力自动化通信网络和系统》系列标准的协议。

（3）配电终端应具备硬件异常自诊断和告警、远端对时、远程管理等功能。

（4）配电终端应具备状态量采集防抖功能，并支持上传带时标的遥信变位信息。

四、终端配置原则

配电终端的配置原则如下：

（1）配电终端应根据可靠性需求、网架结构和设备状况，面向不同的应用对象选择相应的终端类型。

（2）对于部分供电可靠性要求很高的供电区域，可适度提高"三遥"终端配置比例，以快速隔离故障和恢复健全区域供电；对于供电可靠性要求相对一般的供电区域，宜以"二遥"终端为主，适当配置"二遥"终端。

（3）对于供电可靠性要求高于本供电区域的重要用户，宜对该用户所在线路采取以上相适应的终端配置原则。

五、站所终端（DTU）的功能

站所终端在满足基本功能外，还可根据实际需要扩展终端功能，如支持单相接地故障检测、故障方向检测、解合环功能，以及电压合格率统计、电能量转发、下级通信等功能，详见表 1-6。

表 1-6　　　　　　　　　　　　　　DTU 终端功能

功　能			站所终端	
			基本功能	扩展功能
数据采集	状态量	开关位置	√	
		终端状态	√	
		开关储能		√
		SF$_6$ 开关压力信号		√
		通信状态		√
		保护动作信号		√
		装置异常信号	√	
	模拟量	中压电流	√	
		中压电压		√
		中压零序电压/电流		√
		中压有功功率		√
		中压无功功率		√
		功率因数		√
		低压电流		√
		低压电压		√
		低压有功功率		√
		低压无功功率		√
		低压零序电流及三相不平衡电流		√
		温度		√
		蓄电池电压	√	
		电能量		√
控制功能		开关分合闸	√	
		备用电源自投装置投停		√
		蓄电池远方维护	√	
数据传输		上级通信	√	
		下级通信		√
		校时	√	
		抄表功能		
		其他终端信息转发		√
		电能量转发		√

续表

功 能		站所终端	
		基本功能	扩展功能
维护功能	当地参数设置	✓	
	远程参数设置	✓	
	程序远程下装	✓	
	远程诊断	✓	
	设备自诊断	✓	
	程序自恢复	✓	
其他功能	馈线故障检测及记录	✓	
	故障方向检测		✓
	单相接地检测		✓
	过电流、过负荷保护		✓
	一次重合闸		
	就地模式馈线自动化		✓
	解合环功能		✓
	终端用后备电源及自动投入	✓	
	事件顺序记录	✓	
	配电变压器有载调压		
	配电电容量自动投停		
	最大需量及出现时间		
	失电数据保护	✓	
	三相不平衡告警及记录		
	越限、断相、失压、停电等告警及记录		
	电压合格率统计		✓
	模拟量定时存储		✓
当地功能	运行、通信、遥信等状态指标	✓	
	终端蓄电池自动维护	✓	
	当地显示		✓
	其他当地功能		✓

六、站所终端（DTU）分类

站所终端（DTU）按照使用场所和结构形式，可分为遮蔽立式、户外立式、遮蔽卧式和组屏式，如图 1-9～图 1-12 所示。

图 1-9　遮蔽立式 DTU　　　　图 1-10　户外立式 DTU

图 1-11　遮蔽卧式 DTU

图 1-12　组屏式 DTU

项目二

站所终端的规划与设计

>> 【项目描述】　本项目包含配电自动化规划设计基本原则、配电自动化终端建设总要求、站所终端建设及配置要求等内容。通过概念描述、术语说明、结构介绍，使读者掌握三遥站所终端与二遥站所终端的主要建设规划要求。

任务一　配电自动化规划设计

>> 【任务描述】　本任务主要讲解配电自动化规划设计的基本原则。详细介绍了经济实用、标准设计、差异区分、资源共享、同步建设的原则，使读者充分掌握配电自动化规划设计的相关要求。

>> 【知识要点】

掌握配电自动化规划设计的基本原则，为建设与改造工作奠定基础。

>> 【技能要领】

配电自动化规划设计应遵循经济实用、标准设计、差异区分、资源共享、同步建设的原则，并满足安全防护要求。

（1）经济实用原则。配电自动化规划设计应根据不同类型供电区域的供电可靠性需求，采用技术差异化的设计策略，避免因配电自动化建设造成电网频繁改造，注重系统功能实用性，结合配电网发展有序投资，充分体现配电自动化建设应用的投资效益。

（2）标准设计原则。配电自动化规划设计应遵循配电自动化技术体系，配电网一、二次设备应依据接口标准设计，配电自动化系统设计的图形、模型、流程等应遵循相关国家标准、行业标准、企业标准等技术标准的要求。

（3）差异区分原则。根据城市规模、可靠性需求、配电网目标网架等情况，合理选择不同类型供电区域的故障处理模式、主站建设规模、配电终端配置方式、通信建设模式、数据采集节点及配电终端数量。

（4）资源共享原则。配电自动化规划设计应遵循数据源端唯一、信息全局共享的原则，利用现有的调度自动化系统、设备（资产）运维精益管理系统、电网 GIS 平台、营销业务系统等相关系统，通过系统间的标准化信息交互，实现配电自动化系统网络接线图、电气拓扑模型和支持电网运行的静、动态数据共享。

（5）规划建设同步原则。配电网规划设计与建设改造应同步考虑配电自动化建设需求，配电终端、通信系统应与配电网实现同步规划、同步设计。对于新建电网，配电自动化规划区域内的一次设备选型应一步到位，避免因配电自动化实施带来的后续改造和更换。对于已建成电网，配电自动化规划区域内不适应配电自动化要求的，应在配电网一次网架设备规划中统筹考虑。

（6）安全防护要求。配电自动化系统建设应满足国家能源局《关于印发电力监控系统安全防护总体方案等安全防护方案和评估规范通知》（国能安全〔2015〕36 号）以及国家电网有限公司关于中低压配电网安全防护的相关规定，落实"安全分区、网络专用、横向隔离、纵向认证"的总体要求，并对控制指令使用基于非对称密钥的单向认证加密技术进行安全防护。

根据上述原则及要求，在经济实用、标准设计、差异区分、资源共享、同步建设等五大原则下，开展配电自动化规划设计，对于配电自动化系统中故障处理模式、主站建设规模、配电终端配置方式、通信建设模式、数据采集节点及配电终端数量进行统筹考虑，从而规划设计符合现场实际要求、适应配电网发展需求并能够提高供电可靠性的配电自动化建设改造方案。

任务二　站所终端规划设计

》【任务描述】　本任务根据配电自动化规划设计基本原则，探讨了终端建设原则，重点需要掌握三遥站所终端、二遥站所终端的总体建设原则及配置要求。

» 【知识要点】

掌握三遥站所终端的建设原则以及不同供电区域内三遥站所终端、二遥站所终端的配置原则。

» 【技能要领】

一、终端建设的总体要求

应根据可靠性需求、网架结构和设备状况，合理选用配电终端类型。对关键性节点，如主干线联络开关、必要的分段开关，进出线较多的开关站、环网单元，宜配置"三遥"终端；对一般性节点，如分支开关、无联络的末端站室，宜配置"二遥"终端。

站所终端安装在配电网馈线回路的开关站、配电室、环网柜、箱式变电站等处的配电终端，按照功能分为"三遥"终端和"二遥"终端，其中"二遥"终端又可分为标准型终端和动作型终端。本项目重点介绍针对"三遥"终端的配电自动化系统规划设计。

（1）三遥站所终端用于对环网单元、站所单元等进行数据采集、监测或控制，具体功能规范应符合 Q/GDW 514—2013《配电自动化终端/子站功能规范》的要求。

（2）三遥站所终端应满足高可靠、易安装、免维护、低功耗的要求，并应提供标准通信接口。

（3）三遥站所终端供电电源应满足数据采集、控制操作和实时通信等功能要求。

二、终端配置要求

根据 Q/GDW 1738—2012《配电网规划设计技术导则》的规定，不同地区的供电区域可划分为 A＋、A、B、C、D、E 共六类。不同供电区域在配电自动化规划设计及建设中，应在满足配电自动化规划设计基本原则的前提下，充分考虑地域差异性，配置不同类型的终端设备。主要包含以下要求：

（1）A＋类供电区域可采用双电源供电和备用电源自动投入装置，以减少因故障修复或检修造成的用户停电，宜采用"三遥"终端快速隔离故障和恢复健全区域供电。

（2）A类供电区域宜适当配置"三遥""二遥"终端。

（3）B类供电区域宜以"二遥"终端为主，联络开关和特别重要的分段开关也可配置"三遥"终端。

（4）C类供电区域宜采用"二遥"终端，D类供电区域宜采用基本型二遥终端，C、D类供电区域如确有必要，经论证后可采用少量"三遥"终端。

（5）E类供电区域可采用基本型"二遥"终端。

三、三遥站所终端配置要求

本书重点对县域区域内配电自动化终端设备的配置进行探讨。通常，县域范围供电区域主要由 B、C、D、E 类组成。其中，县域的城区范围内通常为 B 类区域，其用户年平均停电时间不高于 3h（≥99.965％）。根据配置要求，B 类区域内应满足以"二遥"终端为主，联络开关和特别重要的分段开关也可根据"三遥"终端的要求进行配置。随着供电可靠性要求的不断提升，在配电自动化站所终端配置方面，应考虑使用具备快速隔离故障以恢复健全区域供电的"三遥"终端，有效提升供电可靠性，具有较大的经济和社会效益。"三遥"站所终端架构如图 2-1 所示。

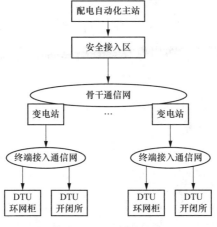

图 2-1 "三遥"站所终端架构

1. 三遥站所终端选型

根据控制间隔的数量，三遥站所终端（DTU）可分为一控八式 DTU 和一控十六式 DTU。对于少于 8 个间隔的站点，可选用一控八式 DTU；对于多于 8 个间隔少于 16 个间隔的站点，则选用一控十六式 DTU。

2. 主要技术要求

（1）具备就地采集 8 路/16 路开关的模拟量和状态量以及控制 4/8 路开关分合闸的功能，还应具备测量数据、状态数据的远传和远方控制功能。

（2）具备为通信设备、开关分合闸提供配套电源的能力。

（3）宜采用电压互感器取电，并支持双路电源输入和自动切换功能。

（4）配有就地/远方选择开关和控制出口硬压板，支持控制出口软压板功能。

（5）具备数据转发功能。

（6）整机正常运行功耗不宜大于 20W（不含通信电源、开关操作电源功耗），通信电源、操作电源空载运行时的正常运行功耗不宜大于 25W，屏柜内各类电源线缆应一次性敷设到位。

（7）蓄电池应具有远程/定期活化功能，活化周期和活化时间可自行设置，并可上传相关信息。

（8）蓄电池作为后备电源供电时，应保证完成分-合-分操作并维持配电终端及通信模块至少运行 4h。

（9）开关电动操动机构操作电源引自 DTU 屏（额定电压为 AC220V），配套电源应配备逆变器，输出电压、容量应满足开关电动操动机构要求，并在设计中说明。

（10）在户外安装的航空插头应满足户外环境要求，质量可靠。

四、二遥站所终端配置要求

为了实现环网箱（室）的有效监控，在环网箱（室）内安装二遥站所终端。该终端可实现温湿度、消防、门禁及开关等设备的在线监测，通过无线公网上送信息给主站；实现对环网箱（室）电流、电压和开关位置的采集，以及烟感、水浸、门禁、红外等环境量的监测；实现对开闭所（或配电房）配电自动化和辅助监测数据一体化采集、监测。二遥站所终端的构成主要包含主站、智能综合监测终端、辅助监测传感器和通信系统四个部分，其中，智能综合监测终端是信息汇集及数据处理的核心设备之一。二遥站所终端架构如图 2-2 所示。

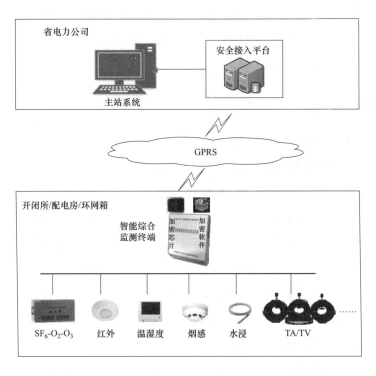

图 2-2　二遥站所终端架构

任务三　环网箱（室）规划选点

≫【任务描述】　本任务在三遥站所终端建设原则基础上予以延伸，重点论述应用三遥站所终端的环网箱（室）规划建设原则。根据"三同步"原则，在 10kV 中压配电网中，对已有的环网箱（室）与新建的环网箱（室）的规划原则进行阐述，明确了环网箱（室）设备改造升级与配电自动化三遥 DTU 建设的方向与目标，从而充分发挥配电自动化系统在提高供电可靠性、实现故障快速处理与提升配电网运维精益化水平等方面的作用。

>> 【知识要点】

（1）明确应用站所终端的环网箱（室）选址规划原则及目标。

（2）掌握环网箱（室）实施配电自动化改造的要求，重点介绍环网箱（室）中高压电器应满足的条件。

>> 【技能要领】

一、环网箱（室）规划选址目标

在满足三遥终端建设要求的环网箱（室）规划选址方面，应选取区域中具有典型接线方式的变电站与基本具备改造条件的开闭所、环网单元进行试点改造，且上述站所运行年限不宜过长，设备运行情况良好。通过逐步掌握关键技术，积累改造经验。在后续工作中，分阶段逐步实现区域配电自动化全覆盖，并优化完善提升。在配电自动化规划初期，应开展项目前期摸底、资料收集与建设实施需求方案的编制工作，全面统计区域内配电网现状，包括 10kV 线路长度、条数、电缆与架空线路的数量、配电变压器容量、容载比等内容。

针对三遥 DTU 的推广应用，首要原则是要对辖区一定范围内的 10kV 环网箱（室）进行选点布局。根据 10kV 配电网建设情况，某条 10kV 线路中往往由多个环网箱（室）采用不同接线方式进行连接，通常有单母线、单母线分段、双母线、双母线分段等多种站所内部主接线方式。针对县域范围内通常采用单母线或者单母线分段的主接线方式，该类站所通过环入、环出线路间隔，经电缆线路串入 10kV 主干线或者分支线内。根据用户用电需求的分布情况，环网箱（室）根据负荷情况接入 10kV 配电网内。为了提高供电可靠性，通常采用环网供电模式，即通常所说的"手拉手"供电模式，满足"N−1"原则，提高设备安全稳定运行水平。

二、环网箱（室）具体要求

1. 接线方式

环网箱（室）按照电气主接线方式可分为单母线、双母线与单母线分段三种方式；按照在电网中的功能，分为环网型开关站和终端型开关站。

（1）环网型开关站又称环网单元，每段母线有两路电源进线间隔，其他间隔为出线间隔，主要功能是功率交换和线路分段、联络。在 10kV 中压配电网中，该类型开关站通常以"手拉手"方式进行环网，支接在开关站的用户或者分支线有较高的供电可靠性。环网型开关站又可分为单母线接线和双母线接线，其中单母线接线为单环运行的开关站。

（2）终端型开关站由于每段母线一般只有一路进线电源，通常俗称为"T接"接线方式，因为处于配电网的终端（或称为末端），不构成环网，其在配电自动化系统中往往不能充分发挥故障区段隔离与非故障区段正常供电的功效，所以不予以考虑。

2. 高压电器

满足配电自动化三遥站所终端建设要求的环网箱（室），其高压电器选择一般具备以下原则：

（1）满足正常运行、检修、短路、故障和过电压要求，并考虑远景增容扩展发展要求。

（2）选用的高压电器产品经正式检验检测，并鉴定合格，且应具备正式、可靠、详实的试验数据。

（3）各类高压电气应满足额定电压、额定电流、机械负载、额定开断电流、热稳定与动稳定短路稳定性校核，同时满足相应电压等级绝缘水平。

（4）满足温度、日照、湿度、污秽、海拔、地震等环境条件对设备的要求。

（5）具备规定的防护等级，从而满足防护人体接近高压设备内带电部分或者触及运动部分的外壳、隔板以及防止固体物体侵入设备应具备的保护程度。通常，所选用的开关柜应为箱式高压开关柜。

（6）环网箱（室）内高压开关柜应具备断路器及其电动操作机构并满

足正常工作条件、短路稳定性能、承受过电压能力与操作性能。通常，可选用真空断路器、SF₆断路器与固体绝缘断路器三种。对于早期投产无电动操作机构的开关柜，应具备加装电动操作机构的条件。

（7）环网箱（室）内高压开关柜应安装有电流互感器和电压互感器，并满足继电保护、自动装置与测量仪表的要求。对早期投产的站所，具备加装零序电流互感器、相电流互感器与电压互感器的条件。对于电压互感器未安装或已安装但容量不满足配电自动化运行要求的站所，应对电压互感器进行改造升级。

（8）站所内空间充裕，有足够空间安装DTU。对于站所内部不具备安装DTU的站点，可选择安装户外式DTU，并满足相关防护、防雨规范要求，站所外部具备光缆通道。

任务四　通信规划建设模式

》【任务描述】　通信建设作为实现三遥站所终端的重要环节，是实现配电自动化系统功能的主动脉，是连通终端设备与主站的耦合器。本任务通过介绍通信规划设计原则、配电通信主干网配置原则、配电通信接入网配置原则、光缆管道敷设要求、架空光缆敷设要求、光缆选型等内容，使读者熟悉并掌握通信建设模式的要点。

》【知识要点】

（1）掌握通信规划设计原则、配电通信主干网配置原则、配电通信接入网配置原则。

（2）掌握光缆管道敷设要求、架空光缆敷设要求、光缆选型等内容，了解通信网规划方案。

》【技能要领】

一、通信规划设计原则

配电自动化通信网根据配电自动化系统的层次结构及数据传输可靠性

的等级要求，从高到低依次分为主干网、接入网两个层次，可采用有线光
纤、无线公网两种方式接入。三遥站所终端信号应通过光纤有线方式接入，
二遥站所终端信号应通过无线公网方式接入。

1. 光纤通信

应用三遥站所终端的站点完成光纤全覆盖，通过 EPON 技术进行组
网，电源点变电站 OLT 设备提供下联的 PON 口和上联的以太网接口，
OLT 设备通过以太网接口连接到华为传输设备，完成配电通信接入网和配
电通信主干网的连接。

2. 无线公网

二遥站所终端、智能开关、远传型故障指示器、小电流放大装置等方
式均通过无线公网进行数据传输。

二、配电通信主干网配置原则

（1）OLT 信号通过所在站点 MSTP/SDH 传输设备传输至各市公司，
OLT 所在站点的传输设备的以太网板卡应具备百兆以太网透传功能。

（2）各市公司对所辖各站点 OLT 信号汇聚后通过安全接入网关接入分
布式前置服务器，再通过主干传输网接入市公司主站，市公司传输设备以
太网板卡应具备百兆以太网汇聚功能。

（3）市公司主站传输设备对主站所辖各站点 OLT 信号汇聚后通过安全
接入区直接接入主站。

（4）市公司远程工作站信号在市公司主站侧通过 MSTP/SDH 传输网
传输至各市公司。

（5）省地之间的带宽，需根据实际测算后确定。

（6）各市公司宜配置两台 MSTP/SDH 传输设备，用以传输 OLT 信号
上连通道及远程工作站通道；各市公司不具备两台传输设备的，应至少独
立配置 2 块百兆以太网板卡。

（7）市公司主站传输设备以太网板卡应具备千兆以太网汇聚功能，各
市公司至主站的两路信号应在不同传输设备分别汇聚。

三、配电通信接入网配置原则

（1）"三遥" DTU 信号有线传输采用无源光网络，通信网络采用"手

拉手"保护方式，EPON 系统应对业务信息进行加密，将不同安全级别的业务进行逻辑隔离。

（2）光线路终端（OLT）应布置在 110kV（或 35kV）变电站的室内，宜单独组屏，通过 MSTP/SDH 传输网接入主站。

（3）光网络单元（ONU）宜布置在 10kV 站所内，ONU、光缆配线、分光器应与 DTU 统一组屏，空间大小应满足对应场景需要的最大数量的设备安装要求，高度尺寸一般不大于 4U（U 制）标准空间位置。

（4）ONU 采用−48V 或−24V 供电，由 DTU 提供电源。端口、通道宜采用冗余方式建设，支持双 PON 口、双 MAC 地址，至少满足 4 个 10M/100M 以太网接口、2 个 RS-232/485 串行接口的接入要求。

（5）入网光纤路径原则上按照电力电缆路径铺设，宜敷设无金属管道光缆，进 10kV 站所应具备通信管孔。

（6）OLT 所在站点宜在户外适当位置配置光缆交接箱，配电网光缆通过交接箱汇总至通信机房。

四、光缆管道敷设要求

（1）管道光缆全程使用 PE 管保护。

（2）光缆的弯曲半径不应小于光缆外径的 15 倍，施工过程中预留的弯曲半径不应小于 20 倍。

（3）采用牵引方式布置光缆时，牵引力不应超过光缆最大允许张力的 80%，而且主要牵引力应作用在光缆的加强芯上，瞬间最大牵引力不超过允许张力。

（4）布置光缆时，光缆必须由缆盘上方放出并保持松弛的弧形。光缆放置过程中应无扭转，严禁打背扣、浪涌等现象发生。

（5）机械牵引敷设时，牵引机速度调节范围应在 0~20m/min，且为无级调速。牵引张力可以调节，当牵引力超过规定值时，应能自动告警并停止牵引。

（6）人工牵引敷设时，速度要均匀，一般控制在 10m/min 左右为宜，且牵引长度不宜过长。若光缆过长，可以分几次完成牵引工作。

（7）光缆出管孔在 15cm 以内时，不应做弯曲处理。

五、架空光缆敷设要求

（1）在平地敷设光缆时，应使用挂钩吊挂；在山地或陡坡敷设光缆时，应使用绑扎方式敷设光缆。光缆接头应选择易于维护的直线杆位置，预留光缆应用预留支架固定在电杆上。

（2）架空杆路的光缆应在每挡杆上制作 U 形伸缩弯，大约每 1km 预留 100m。

（3）引上架空杆路的光缆应用子管穿镀锌钢管进行保护，管口用防火堵料堵塞。

（4）架空光缆每隔 4 挡杆左右以及跨路、跨河、跨桥等特殊地段应悬挂光缆警示标志牌。

（5）为防止吊线感应电流伤人，吊线应每隔 6~8 杆进行接地。

六、光缆选型

管道光缆的技术参数应符合 YD/T 901—2009《层绞式通信用室外光缆》和 ITU-T G.652—2016《单模光纤和光缆的特性》的规定。

架空吊线光缆按照工程实际需要，采用符合标准的光缆型号，并选用合理的镀锌钢绞线作为吊线。

任务五　有线组网通信建模与求解

≫【**任务描述**】　配电自动化三遥站所终端宜采用光纤通信方式，以无源光网络方式组网，通过构建 EPON 链路，以星型或者链型拓扑结构实现三遥站所终端（DTU）与配电自动化主站之间的通信。综合考虑光缆成本、光缆交接箱购置费用、配电自动化建设成本等影响因素，在充分考虑通信组网的可靠性、经济性基础上，对组网拓扑结构进行创新，制定目标逻辑网络，提出一种双层 EPON 组网结构。第一层级由变电站 OLT 与主干光交箱组成光交主干环路，第二层级由配电站所 ONU 与光交箱组成站所环路。通过某县级市配电自动化有线组网实例进行验证，并采用粒子群算法计算模型最优解，进行验证。结果表明，该模型能较好地降低成本，提高有线组网通信系统可靠性。

≫【知识要点】

（1）掌握县域光缆管道资源特点、有线组网方式的选择。

（2）了解粒子群算法计算模型，并通过算例仿真计算模型最优解。

（3）通过实例介绍县域光缆管道资源特点，采取通信建模与求解的方式对县域配电自动化有线组网方式进行深入分析。

≫【技能要领】

一、县域光缆管道资源特点

随着配电自动化的大规模推广应用，县级市中心区域被纳入配电自动化建设与改造范围之内，有线通信系统作为实现环网箱（室）安全可靠通信的首选，势必需要相应的光缆管道资源予以支持，以满足光缆从站所终端 ONU 至变电站 OLT 之间的通信连接。根据要求，在配电网规划建设过程中，应同步建设或预留光缆敷设资源，并考虑敷设防护要求，排管敷设时应预留专用的管孔资源。但是，县级市部分负荷核心区域通常集中在老旧城区，而老旧城区因规划建设较早，存在管道建设缺失、管孔阻塞与管孔不能满足新增线缆空间需求等矛盾。针对县域范围而言，某些建设周期较早的环网箱（室）通常位于主干光缆管孔的分支区域，或位于较为偏僻的位置，导致光缆无法顺利接入，从而无法与周边邻近站点组成 EPON 链路。若考虑新建管孔，则造价过高，且工期不允许；若考虑环网箱（室）整体迁移，则涉及众多 10kV 线路的迁移割接，工程量巨大；若考虑各通信运营商的光缆管道，则出了后期运维不便，存在较大安全隐患。

二、有线组网方式的选择

配电自动化有线组网通信的实现需要综合考虑环网箱（室）的地理位置、光缆管道布局与 10kV 线路的走向等因素，通常采用电力环组网与地理网格组网两种方式。电力环组网将两条"手拉手"联络的 10kV 线路上的所有串接环网箱（室）通过光缆进行连接，实现站点之间的联络互通。地理网格组网不按照电力环走向，而是将某一相同区域内的若干站点通过光缆进行连接，实现有效通信。地理网格组网由于不依照电力环路行进方向，易造成光缆链路错综复杂，不便于后期运维管理。目前，电力环组网方式仍为有线组网方式的首选，但是在县域范围内，光缆管道资源因规划建设不同步的问题将导致不同电力环的光缆均分布在相同的光缆管道内，当该光缆管道遭外力破坏时，会造成多条环路主干光缆大面积瘫痪，从而影响配电自动化终端设备正常运行，降低可靠性。因此，必须在有限的管道资源情况下寻求光缆的最佳路径。

三、县域配电自动化有线组网通信建模与求解

综合考虑有线组网通信方式的可靠性、经济性，构建两级 EPON 组网结构，提出双层 EPON 组网结构，第一层级由变电站 OLT 与主干光缆交接箱（简称光交箱）组成光交主干环路，第二层级由配电站点 ONU 与光交箱组成站所环路。通过主干环路与站所环路实现每一个配电站点都能就近接入最近光交箱。配电站点任何一端光缆断裂时，均可由其他侧的光缆维持正常通信，能够有效减少光缆的迂回曲折布置，降低光缆长度，使材料成本、建设成本达到最优。

这是一个多约束、非线性的组合优化问题，求解方法主要有模拟退火算法、遗传算法、蚁群算法、粒子群算法。粒子群算法是从随机解出发，通过迭代寻找最优解，通过适应度来评价解的品质，通过追随当前搜索到的最优值来寻找全局最优。相比于其他进化算法，这种算法实现容易、精度高、收敛快，受所求问题维数的影响较小。采用该算法能够合理优化配置光交箱位置与数量，满足配电自动化实用化应用水平。

1. 建模原则

县级配电自动化建设的总体目标是改善配电网观测手段，提升运维精益化水平，提高供电可靠性和供电质量，实现配网管理现代化。通过配电主站和配电终端的配合，实现配电网网络重构、故障区段的快速切除与自动恢复供电，综合分析运行信息，评估设备运行状况，确定配网薄弱环节，为精益化运维，精准化投资，精细化抢修提供技术支撑。建设过程合理选用光纤、无线等通信方式实现对配电网全面监控，实现配网通信高可靠性、高安全性和低成本、易维护性的统一。配电自动化建设按照统一规划、统一设计、统一管理、分步实施的原则进行建设。

2. 模型建设

在县域配电自动化有线组网通信方案规划中，配电自动化 EPON 组网方式的工程建设由三部分费用产生，分别为光缆成本、光交箱的购置费用、配电自动化建设成本。在考虑以上三种费用的情况下，使得总支出最小是该数学模型的目标函数

$$TOL = \min(C_{光缆} + C_{光交箱} + C_{建设}) \tag{2-1}$$

式中：$C_{光缆}$ 为光缆总费用（万元）；$C_{光交箱}$ 为购置光交箱花费的费用（万元）；$C_{建设}$ 为敷设光缆及安装光交箱的费用（万元）。

配电自动化建设中，三遥终端配电站点需要做到遥测、遥信和遥控，而光缆通信具有信号干扰小、保密性好的特点，故"三遥"配电站所采用光缆通信。"二遥"配电站所仅需要满足遥测、遥信，采用以无线通信为主，选用兼容 2G/3G/4G 数据通信技术的无线通信模块。

在 EPON 组网方式中，光缆主要用于光交箱到各个配电站的联络以及光交箱通过主干道汇入变电站 OLT，通过 OLT 与上级联络。故光缆成本模型为

$$C_{光缆} = (L_1 + L_2) \cdot \alpha \cdot \beta \tag{2-2}$$

式中：L_1 为配电站所到光交箱的光缆长度（km）；L_2 为光交箱到变电站光缆长（km）；α 为建设损耗保留的裕度，根据实际经验取 1.2；β 为单位长度电缆价格（万元/km）。

在配电网中，从配电站/所到光交箱的路径千差万别，很难用统一的模型精确估算。而在实际敷设过程中需要符合工艺规范，光缆路径要求横平竖直沿路敷设，在本次求解过程中，该段光缆以两点间的直角折线距离计

算其长度。

从光交箱到变电站的通信需要考虑实际已拥有的主干道通信网络情况，充分利用已有主干道进行光缆敷设。为节约光缆长度，需要选择最近的光缆路径到达变电站的 OLT，其数学模型如下

$$L_2 = \sum_{j_c=1}^{n} \min\{CH_i\} \tag{2-3}$$

式中：j_c 为光交箱的序号；n 为光交箱个数；CH_i 为经过第 i 条主干道到变电站的光缆长（km）。

光缆交换箱是连接 OLT 和 ONU 的无源设备，其功能是分发下行数据并集中上行数据。一个光交箱同时连接两个变电站，并接入多个配电站/所。光交箱成本与所使用的数量线性相关

$$C_{光交箱} = C_1 n \tag{2-4}$$

式中：C_1 为单台光交箱的购置价格（万元）；n 为所使用的光交箱数量。

光缆敷设时，光交箱到变电站的部分可以利用已有通信管道，成本较低；光交箱到配电站所的部分需要另外开辟管道，成本较高。光交箱的安装成本固定，故可以得出建设成本为

$$C_{建设} = aL_1 + bL_2 + cn \tag{2-5}$$

式中：a 为敷设光交箱到变电站的光缆平均成本（万元/km）；b 为敷设光交箱到配电站所的光缆平均成本（万元/km）；c 为安装单个光交箱的成本（万元）；n 为所使用的光交箱数量。

3. 约束条件

（1）配电自动化建设的"三遥"开关站需全部光缆覆盖。

（2）满足供电可靠性的约束，即满足配网供电可靠性 99.99％的约束。

（3）电压质量的约束，即站点的节点电压 $U_{kmin} \leqslant U_k \leqslant U_{kmax}$。$U_{kmin}$ 为节点 k 电压的最低值，U_{kmax} 为节点 k 电压的最高值。

4. 粒子群算法在配电自动化通信建设中的应用

（1）输入基础数据。（基础数据包括网络拓扑结构数据，配电站所位置数据、开关数据、变电站位置、光缆单价、可靠性相关参数等），并对相应的光交箱进行编号初始化其位置，记为

$$P = \{p_i \mid i = 1, 2, 3, \cdots, n\} \qquad (2\text{-}6)$$

式中：P 表示光交箱位置的集合；p_i 表示第 i 个光交箱的位置；i 为光交箱的序号；n 为光交箱的个数。

（2）依据粒子群算法，设定初始参数。粒子群算法的初始参数有粒子数、最大迭代次数、学习因子、惯性权重。粒子数与最大迭代次数根据实际计算量确定，学习因子通常取 2.0。此处使用的粒子群算法采用变化的惯性权重，随着迭代次数的增加，减小惯性权重，根据这种惯性权重的变化来改善粒子群算法的性能

$$w = 0.9 - 0.5 \times \frac{t}{g_{\max}} \qquad (2\text{-}7)$$

式中：w 为惯性权重；t 为迭代次数；$g_{\max}$ 为最大迭代次数。

设立 20 个初始粒子，每个粒子代表一组光交箱的位置，即实际中的一组解，初始粒子的位置由随机数确定；同时为每个粒子设定进化速度，初始进化速度由随机数确定。

（3）代入式（2-1），计算函数适应度并保留全局最优解

$$f_{\min} = \left[\sum_{i=1}^{n} \sum_{j=1}^{m} \min(L_{ij}) + \sum_{i=1}^{n} \sum_{k=1}^{s} \min(L_{ik}) \right] \alpha\beta + (C_1 + c)n +$$

$$a \sum_{i=1}^{n} \sum_{j=1}^{m} \min(L_{ij}) + b \sum_{i=1}^{n} \sum_{k=1}^{s} \min(L_{ik}) \qquad (2\text{-}8)$$

式中：$f_{\min}$ 表示最低成本（万元）；i 为光交箱序号；j 为配电站所序号；n 为光交箱个数；m 为配电站所个数；L_{ij} 为第 j 个配电站所到第 i 个光交箱的光缆长度（km）；L_{ik} 为第 i 个光交箱到第 k 个变电站光缆长度（km）；α 为建设损耗保留的裕度；β 为单位长度电缆价格（万元/km）；C_1 为单台光交箱的购置价格（万元）；c 为安装单个光交箱的成本（万元）；a 为敷设光交箱到变电站的光缆平均成本（万元/km）；b 为敷设光交箱到配电站所的光缆平均成本（万元/km）。

（4）向最优解靠拢，每次迭代后会产生一个此次迭代中的最优解，将最优解与全局最优解进行比较，保留较好的最优解作为新的全局最优解。每个粒子自身与全局最优解进行比较，学习最优解，获得一次新的迭代。

（5）根据初始设定的终止条件，判断是否结束循环，若是则输出结果，否则返回步骤（3）。

四、结论

根据配电自动化建设要求以及实际配电站点分布情况，以经济成本最低为目标，综合考虑光缆成本、光交箱购置费用、配电自动化运行维护成本、配电网发生故障时造成的损失等因素，建立了配电自动化有线组网通信的模型，并在某县公司实际案例中进行求解。主要结论如下：

（1）模型依据实际情况建立，考虑站点分布、通信网络架构、可靠性等实际指标，对配电自动化有线通信网络进行设计，并确定光缆交换箱的安装数量和安装位置，使配电自动化的通信网络更加科学、合理。

（2）模型优化了配电自动化有线通信网络结构，节约了成本，提高了可靠性。该模型不仅适用于本算例，也适用于其他实际情况，只需要将配电站所的位置以及主干线重新输入即可。

（3）可指导县域范围内配电自动化建设，完善配电自动化建设中符合县域实际情况的有线通信网络建设方式与策略。算例结果表明，该模型能较好地降低建设成本，对开展配电自动化改造实施工作具有指导意义。

项目三

环网箱（室）的改造

>> **【项目描述】** 配电自动化三遥站所终端（DTU）建设改造的前提，是具备符合现场实施要求的环网箱（室）。但由于电网建设时序的差异，导致部分环网箱（室）的一次、二次设备不符合三遥 DTU 改造要求，因此，在最大程度节约电网投资、提高设备利用效率的原则下，需要对该类环网箱（室）进行设备改造，从而全面满足现场三遥 DTU 的建设改造要求，为配电自动化的实用化应用提供有效支撑。

本项目包括环网箱（室）改造的基本原则，对环网箱室高压电气设备的改造进行了介绍，主要讲解电流互感器、电压互感器、电动操动机构等设备、元器件的改造要求，通过改造使其满足配电自动化建设及实用化要求。

任务一 改 造 基 本 原 则

>> **【任务描述】** 本任务明确了应用于配电自动化三遥站所终端（DTU）安装实施的环网箱（室）的改造原则、配置方式、功能规范与关键性能指标等主要技术要求。通过对改造基本原则的讲解，使现场施工人员明确设备改造过程中的技术要求、改造标准、工艺规范等。

>> **【知识要点】**

按照国家电网有限公司配电网标准化建设"六化""六统一"的原则，以及顺应智能配电网建设和发展的要求，配电自动化改造工程原则为：安全可靠、坚固耐用、自主创新、先进适用、标准统一、覆盖面广、提高效率、注重环保、节约资源、降低造价，做到统一性与适应性、先进性、经济性和灵活性的协调统一。

>> **【技能要领】**

一、总体要求

（1）配电自动化建设与改造应遵循配电网规划统一要求，以一次网架、配电设备及相关系统的全面评估为基础，基于不同供电区域（参见 Q/GDW 1738—2012《配电网规划设计技术导则》中 A＋～E 分类）可靠性要求设定合理系统建设改造目标并制定技术方案，因地制宜、分阶段实施。

（2）配电自动化建设与改造应遵循"标准化设计，差异化实施"的原则，结合配电网规划，实现同步设计、同步建设、同步投运，并按照设备全寿命周期管理要求，充分利用已有资源。

（3）配电自动化建设与改造应遵循国家电网有限公司、省公司配电自动化技术标准体系，且满足相关标准要求。

（4）配电自动化建设与改造应根据设定目标，合理选择主站建设规模、终端配置和通信网络等配套设施建设模式。

（5）配电自动化系统应满足电力二次系统安全防护等有关规定，遥控应具备安全加密认证功能。

二、一次网架要求

（1）配电自动化实施区域的网架结构应布局合理、成熟稳定，其接线方式应满足 DL/T 5729—2016《配电网规划设计技术导则》和 Q/GDW 10370—2016《配电网技术导则》等标准要求。

（2）一次设备应满足遥测和（或）遥信要求，需要实现遥控功能的还应具备电动操动机构。

（3）实施馈线自动化的线路应满足故障情况下负荷转移的要求，具备负荷转供路径和足够的备用容量。

（4）配电自动化实施区域的站所应提供适用的配电终端工作电源。

（5）需要实现遥信功能的设备，应至少具备一组辅助触点；需要实现遥测功能的设备，应至少具备电流互感器，其二次侧电流额定值宜采用 5A、1A；需要实现遥控功能的设备，应具备电动操动机构。

（6）配电设备新建与改造前，应考虑配电终端所需的安装位置、电源、端子及接口等。

（7）配电终端应具备可靠的供电方式，如配置电压互感器等，且容量满足配电终端运行及开关操作等需求。

（8）配电站所应配置专用后备电源，确保在主电源失电情况下后备电源能够维持配电终端运行一定时间及至少一次的开关分合闸操作。

（9）配电自动化改造应以提高供电可靠性和改善供电质量为目的，宜结合配电网一次网架的改造进行，避免仅为实施配电自动化而对配电一次网架进行大规模改造。

三、站所终端的改造原则

（1）站所终端改造时，尽量不涉及一次设备。对于加装或改造的电动操动机构，其额定功率应不大于 120W。如原电动操作电源为 AC 220V，则 DTU 需带逆变器，且逆变器容量满足操作容量要求；原电动操作电源为 DC 48V 或 DC 24V，则 DTU 需提供相应的电源输出端子。

（2）加装或更换的电压互感器用于测量和二次设备供电，TV 宜采用 V-V 接线方式，TV 额定容量应满足电动操动机构的操作功率要求，且应不小于 3kVA；二次侧额定电压可以为 AC 220V 和 AC 100V，应配置高压熔丝。若 TV 容量小于 3kVA，在满足更换条件下优先进行更换；不满足更换条件但满足市电接入的，可以不进行更换，但须使用 TV 进行采样。电源使用市电接入，没有 TV 且无安装位置的可暂接入市电来替代。

（3）根据系统要求，需增加遥信上传信号，如开关分合位、远方就地信号、保护过电流动作等信号必须上传；其他如弹簧未储能、接地开关位置、SF_6 压力、手车位置、熔丝熔断、控制回路断线等信号可根据现场实际情况和需求进行上传，逐步提高遥信信号采集的完整性。

（4）每个开关间隔应配置至少 A 相、C 相、零序共三个 TA，用于测量和故障判断。用于故障检测的 TA 至少应满足 0.5 的级数要求，建议使用 10P10（0.5）级 TA。建议 A、C 相变比为 400∶5～600∶5（主线 600、支线 400），零序变比为 100∶5。对现有 ABC 接线方式的 TA，宜额外加装零序 TA。零序 TA 用于反映系统三相不平衡电流，当环网箱（室）发生接地故障时，站所上送"零序越限告警"信号并经 DTU 上传至主站。

（5）三遥 DTU 的安装方式有组屏式、遮蔽立式、卧式、壁挂式，可根据环网室（箱）实际情况进行选择。

（6）"三遥"模式适用地区：县市核心区块的电缆线路或电缆化率较高的混合线路优先采用三遥 DTU 模式进行覆盖，其中优先改造一次网架较好（标准双环、单环）、首尾联络站所及合理分段站所一次设备和通信管道情况较好的线路，优先改造重要用户线路。重点改造为关键性节点站所，如主干联络、重要分段、进出线较多的开关站或环网站实现"三遥"功能，出线采用"二遥"模式。

任务二　电流互感器的安装

≫【任务描述】　本任务明确了电流互感器的改造原则、配置方式、功能规范与关键性能指标等主要技术要求。通过对电流互感器改造、安装的分析讲解，使读者明确设备改造及安装过程中的技术要求、改造标准、工艺规范等。

≫【知识要点】

重点掌握电流互感器的改造方法、技术要求及注意事项，并通过试验进行检测，达到设备运行标准。

≫【技能要领】

电流互感器按照安装地点、安装方式、用途及绝缘介质种类这四个方面进行分类，如表 3-1 所示。

表 3-1　　　　　　　　　　　电流互感器分类

安装地点	户内式、户外式
安装方式	独立式、套管式
用途	计量用、测量用、保护用
绝缘介质种类	油纸、气体、环氧浇注、合成薄膜

其中，10kV 环网箱（室）中电流互感器作为户内式安装方式，主要采用环氧树脂浇注的独立式电流互感器，用于站所内计量、测量和保护使用。

在配电自动化一次设备改造工作中，零序电流互感器的安装是一项关键流程，正确规范的零序电流互感器配置和安装，可保证 10kV 系统在发生接地故障时，为配电自动化系统提供准确的测量值与保护值，从而实现断路器正确动作并切除故障。

一、改造原则与设备选型

1. 改造原则

在三遥站所 DTU 建设过程中，为满足配电自动化功能要求，10kV 环网箱（室）内电流互感器的技术改造应遵循统一规划、因地制宜、安全第一、技术经济、统筹协调的原则有步骤、有计划地实施。对站所原一次设备尽量不要改动，防止破坏原先的稳定运行状态。

2. 环境要求

10kV 环网箱（室）选择的电流互感器应满足继电保护、安全自动装置及测量仪表的要求。作为户内电流互感器，其使用条件如下：

（1）环境空气无明显灰尘、烟、腐蚀性气体、蒸汽或盐雾污染。

（2）湿度条件应满足 24h 内测得的相对湿度平均值不超过 95%，24h 内的水蒸气压强平均值不超过 2.2kPa。

3. 技术要求

（1）一次绕组应采用平板型出线端子并附有供连接线用的圈套紧固零件。

（2）电流互感器二次出线端子及接地螺栓直径应分别不小于 6mm 和 8mm，连接螺栓或接地螺栓必须用铜或铜合金支撑，螺栓连接处或接地处应有平坦的金属表面，连接零件和接地零件应有可靠的防锈镀层，二次接线端子应有保护罩，接地处应标有明显的接地符号。

（3）一、二次接线端子应有防松防转动措施，二次接线板应具有防潮性能，一、二次接线端应标志清晰。

（4）树脂浇注式电力互感器，表面应光洁、平整、色泽均匀。

（5）铭牌应安装在便于查看的位置上，铭牌材质应为防锈材料。

（6）零序电流互感器选用抱箍式速饱和型，安装应牢固，且便于维修和更换。

（7）额定输出。当额定二次电流标准值为 1A 时，额定输出值宜小于 10VA；当额定二次电流标准值为 5A 时，额定输出值宜不大于 50VA。

（8）二次绕组数量与级次组合的要求。电流互感器的级次组合，应根据现场实际需要进行选择。为确保设备运行的可靠性，应减少绕组数量并通过一次绕组串并联的方式减少二次绕组抽头。

（9）对额定短时耐受电流的要求。电流互感器的额定短时耐受电流应满足所在电力系统短路电流的要求，见表 3-2。

表 3-2 电流互感器的额定短时耐受电流

设备最高电压（方均根值，kV）	额定一次电流（A）	额定短时热电流（方均根值，kA）	额定动稳定电流（峰值，kA）	承受短时热电流时间（s）
0.74～24	100，150，200	20	50	2

（10）电流互感器一次绕组的额定绝缘水平和耐受电压要求见表 3-3。

表 3-3 电流互感器一次绕组额定绝缘水平和耐受电压 kV

设备最高电压 U_m（方均根值）	额定短时工频耐受电压（方均根值）	额定雷电冲击耐受电压（峰值）	截断雷电冲击耐受电压（峰值）
12	30/42	75	85

4. 例行试验

（1）出线端子标志检查；

（2）一次绕组和二次绕组的直流电阻试验；

（3）二次绕组工频耐压试验；

（4）绕组段间工频耐压试验；

（5）匝间过电压试验；

（6）一次绕组的工频耐压试验；

（7）局部放电测量；

（8）误差测定；

（9）电容和介质损耗因数测量；

（10）绝缘介质性能试验；

（11）密封性试验；

（12）励磁特性试验。

二、零序电流互感器的安装

1. 零序电流互感器安装标准

（1）严格按照设计图纸安装电流互感器（见图 3-1）以及接线。应保证选用零序电流互感器的内径大于电缆终端头的外径。电流互感器安装在开关柜电缆出线侧，牢靠固定。

（2）TA 接线牢固可靠，应防止二次开路，二次回路标签清晰，TA 二次回路采用的电缆芯截面不小于 2.5mm^2。

（3）开启式 TA 应卡接紧密，无缝隙和无错位，TA 外壳地线应在开关柜内可靠接地。

图 3-1　电流互感器

（4）电流互感器的每组二次回路应有且只有一个接地点，要求在终端箱处进行接地，接地牢固可靠，接地线应使用横截面应小于 4.0mm^2 的黄绿多股软线。接地线须采用铜绞线或镀锡铜编织线，接地端部要焊接接线端子，并正确处理接地线与零序电流互感器的相对位置。接地线必须安装在接地铜排上。

（5）二次电缆应采用铠装屏蔽电缆，电缆屏蔽层在开关柜与 DTU 同时接地，严禁采用电缆芯两端接地的方法作为抗干扰措施。

（6）电流互感器的接线端子面朝上，根据终端二次回路按设计图严格对应接线。施工时应确保二次侧的极性接线正确，电流互感器二次回路严禁开路。

2. 开启式零序电流互感器安装方法

（1）将开启式零序电流互感器正上方表面的不锈钢抱箍螺栓旋松，并拧下，打开两个半环形结构。

（2）将两个半环形结构按照 A、B、C 三相分别直接卡在需要安装的电缆本体处，卡接时需要注意将电缆周边的其他线缆隔离。

（3）待电流互感器就位后，分别旋紧不锈钢抱箍螺栓。

3. 开合式零序电流互感器的安装方法

开合式零序电流互感器一般应用于开关柜终端电缆。其安装方法如下：

（1）将开合式零序电流互感器正上方表面的不锈钢抱箍螺栓旋松，并拧下，打开两个半环形结构。

（2）将两个半环形结构卡在开关柜底板的终端电缆处。底板上应有可靠的支架用于固定开合式电流互感器。注意：避免将零序电流互感器安装在开关柜底板下面的支架上，或将零序电流互感器捆绑在电缆上，这样会违反开关柜全封闭原则。

（3）电缆终端头穿过外附零序电流互感器后，电缆金属屏蔽接地线与外附零序电流互感器的相对位置应正确。接地点在互感器以上时，接地线应穿过互感器接地（见图3-2），接地线必须接在开关柜内专用接地铜排上，接地线须采用铜绞线或镀锡铜编织线，接地线的截面必须符合规程要求。

此外，按要求，三芯电力电缆终端处的金属护层必须接地良好。

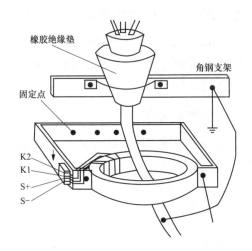

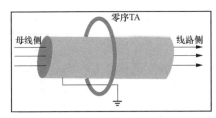 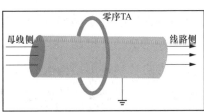

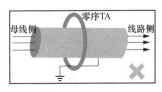 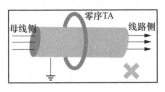 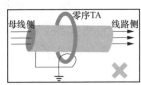

图 3-2　零序电流互感器的安装方法

三、竣工资料准备

电流互感器竣工应提供以下资料，所有资料应完整无缺，且符合验收规范、技术合同等要求。

（1）互感器订货技术合同（或技术协议）。

（2）互感器安装使用说明书、出厂试验报告、合格证。

（3）互感器现场安装报告、试验报告。

（4）变更设计的技术文件、竣工图、备品备件移交清单。

任务三　电压互感器的安装

≫【任务描述】　本任务明确了电压互感器的改造原则、配置方式、功能规范与关键性能指标等主要技术要求。通过对改造电压互感器安装的分析讲解，使现场施工人员明确设备改造过程中的技术要求、改造标准、工艺规范。

≫【知识要点】

重点掌握电压互感器的改造方法、技术要求及注意事项，并通过试验进行检测，达到设备运行标准。

≫【技能要领】

电压互感器用于环网箱（室）中将 10kV 电压变换为二次电压，分为保护电压和测量电压两组。环网箱（室）通过电压互感器，将 10kV 电压转化为 100V 或者 220V 的交流电压，供断路器电动操动机构、柜内交流照明回路以及站所内照明电源使用。

根据配电自动化建设导则的要求，断路器操作回路电压为 DC 48V，但也有部分老旧站点的操动机构电源为交流 110V 或者交流 220V。一般来说，环网柜为单母线站点，通过 10kV 电压互感器，供 220V 交流电压给DTU 和电动操动机构。二次控制电源则由三遥站所终端统一提供 DC 48V电源，如图 3-3 所示。

一、改造原则与设备选型

在三遥站所终端（DTU）建设过程中，为满足配电自动化功能的要求，10kV 环网箱（室）内电流互感器的技术改造应遵循统一规划、因地制宜、安全第一、技术经济、统筹协调的原则有步骤、有计划地实施。

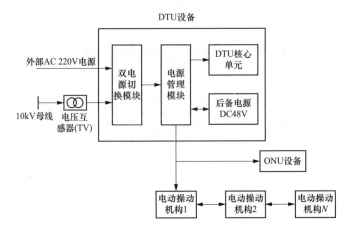

图 3-3　控制回路电源供电方案

二、选型要求

（1）户内环网箱（室）电压互感器的结构形式可选择单相、环氧树脂浇注型和户内电压互感器。

（2）电压互感器一次出线端子可用导电性能良好的铜或铜合金板材制成，大小尺寸应符合 GB/T 5273—2016《高压电器端子尺寸标准化》规定。

（3）电压互感器的结构应便于现场安装，不允许在现场进行装配工作。

（4）电压互感器所有金属件外露表面应根据需方要求着相应颜色，铭牌及端子应符合图样要求。

（5）所有端子及紧固件应有足够的机械强度和保护良好的导电接触。

（6）接地螺栓直径不得小于 12mm，接地处金属表面平坦，连接孔的接地板面积足够，并在接地处旁标有明显的接地符号。

（7）电压互感器在使用寿命期内，用户按正常条件使用，不会因温度变化导致本体出现任何损伤，且电压互感器免维护。

（8）环氧树脂外表面应清洁、无损、无裂纹；铭牌、标志牌完备齐全；二次接线板及端子清洁完好。

三、容量及接线要求

由于部分环网箱（室）体积较小，不满足电压互感器的安装条件，或部分已安装电压互感器的站点容量较小，不满足三遥 DTU 运行要求，因此需要对电压互感器容量较小的站点进行改造或者加装。

增加 TA 用于测量和二次设备供电，TA 宜采用线-线的接线方式，TA 额定容量应满足电动操作机构的操作功率要求，且应不小于 3kVA；二次侧额定电压可以为 AC 220V 或 AC 100V，且配置高压熔丝。若 TA 容量小于 3kVA，在满足更换条件下优先进行更换；若不满足更换条件但满足市电接入的，可以不进行更换，须使用 TA 和市电双电源接入；无法更换 TA 的可暂接入市电来替代。

（1）不同接线方式的电压互感器。

1）V-V 接线是通过一台单相电压互感器来测量某一相对地电压或相间电压的接线方式，如图 3-4 所示。

2）用两台电压单相互感器接成不完全星形，用来测量各相间电压，但不能测相对地电压，如图 3-5 所示。该接线方式广泛应用在 20kV 以下中性点不接地或经消弧线圈接地的电网中。

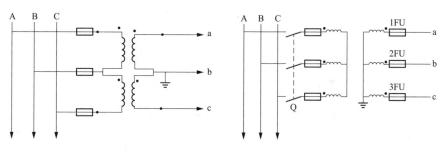

图 3-4　电压互感器 V-V 接线　　　　图 3-5　电压互感器 Yyn 接线

3）用三台单相三绕组电压互感器构成 YNynd0 或 YNyd0 的接线形式，广泛应用于 3~220kV 系统中，其二次绕组用于测量相间电压和相对地电压，辅助二次绕组接成开口三角形，供接入交流电网绝缘监视仪表和继电器用。原理如图 3-6 所示。

（2）注意电压互感器等级与电网运行电压应相符，变比与原来相同、极性正确。

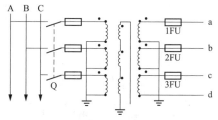

图 3-6　电压互感器 YNyn 接线

（3）电压互感器二次线更换后，应进行必要的核对，防止接线错误。

（4）电压互感器及二次线更换后必须测量互感器极性。

（5）电压互感器实物如图 3-7 所示，电磁式电压互感器参数见表 3-4，三相五柱式电压互感器参数见表 3-5。

图 3-7　电压互感器实物

表 3-4　　　　　　　　　　　电磁式电压互感器参数

项　目	参　　数	
TV 变比	10/0.1/0.22kV	
TV 绕组数	双绕组	
TV 精度	0.5/3	0.2/3
TV 容量	测量≥50VA 供电≥2×500VA	测量≥20VA 供电≥2×500VA

表 3-5　　　　　　　　　　　三相五柱式电压互感器参数

项　目	参　　数		
TV 变比	相电压：$(10\text{kV}/\sqrt{3})/(0.1\text{kV}/\sqrt{3})$ 零序电压：$(10\text{kV}/\sqrt{3})/(0.1\text{kV}/3)$ 供电相电压：$(10\text{kV}/\sqrt{3})/(0.22\text{kV}/3)$		
准确级	相电压：0.5 级 零序电压：3P 供电：3 级		
类型	三相五柱式		
TV 容量	单相输出容量 ≥30VA	零序输出容量 ≥50VA	供电容量 ≥3×300VA，短时 3000VA/1s

四、安装要求

（1）互感器的参数应与设计相符。

（2）固定螺栓紧固。

（3）引线螺栓连接紧固可靠、对地和相间等距离应符合 GB 50148—2010《电气装置安装工程》中关于互感器施工及验收规范的要求，各接触面应涂有电力复合脂。引线松紧适当，无明显过紧过松现象。

（4）二次引线应无损伤、接线端子紧固，平垫、弹簧垫圈齐全；二次接线端子间应清洁无异物；二次引线裸露部分不大于 5mm。二次电缆应固定，并做好电缆孔的封堵。电缆的备用芯子应做好防误碰措施。

（5）开关柜内安装的互感器，必须有可靠的接地点。

五、例行试验

（1）绝缘电阻试验。测量主绝缘的绝缘电阻，其数值与出厂值相比无明显变化。

（2）测量互感器绕组的直流电阻值。一次绕组直流电阻测量值与换算到同一温度下的出厂值比较，相差不大于 10%。二次绕组直流电阻测量值与换算到同一温度下的出厂值比较，相差不大于 15%。

（3）测量电压互感器的励磁特性。

1）励磁曲线测量点为额定电压的 20%、50%、80%、100%、120%、150% 和 190%。

2）在额定电压测量点（100%），励磁电流不宜大于其出厂试验报告和型式试验报告的测量值的 30%，同批次、同型号、同规格电压互感器此点的励磁电流不宜相差 30%。

3）极性试验：必须与设计相符，并与铭牌上的标记和外壳上的符号相符。

4）互感器宜进行误差测量，其角比差应满足计量要求并与铭牌值相符。

5）交流耐压试验。全绝缘结构的电压互感器，应在现场安装完毕的情况下逐台进行交流耐压试验，试验电压为出厂试验电压的 80%，见表 3-6。

表 3-6　　　　　　　　　电压互感器的现场工频耐压试验标准　　　　　　　　kV

额定电压	最高工作电压	交流耐受电压	
10	12	42（28）	33（22）

六、竣工资料

电压互感器竣工时应提供以下资料，并且资料应完整无缺，符合验收规范、技术合同等要求。

（1）互感器订货技术合同（或技术协议）。

（2）互感器安装使用说明书、出厂试验报告、合格证。

（3）互感器现场安装报告、试验报告。

（4）变更设计的技术文件、竣工图、备品备件移交清单。

任务四　断路器电动操动机构的安装

≫【任务描述】　本任务明确了断路器电动操动机构的改造原则、配置方式、功能规范与关键性能指标等主要技术要求。通过对改造电动操动机构及安装的讲解和分析，使读者明确设备改造过程中的技术要求、改造标准、工艺规范。

≫【知识要点】

重点掌握断路器电动操动机构的改造方法、技术要求及注意事项，并通过试验进行检测，以达到设备运行标准。

≫【技能要领】

因电网建设时序的不同，在配电自动化技术推广应用之前，部分具备电动操动机构的站点往往采用就地人工操作，其断路器电动操动机构因年久不用，可能存在卡涩、受潮、接触不良、电机故障等原因，造成电动操动机构无法使用，从而无法满足"三遥"改造中的远程遥控功能要求。还有部分站点，从设计选型初期就未考虑安装电动操动结构。因此，需要对上述站点进行电动操动机构的改造或新装。

一、三遥改造要求

（1）更换的电动操动机构必须能与原开关柜配合。为保证兼容性与可靠性，建议使用原厂电动操动机构。

（2）电动操动机构的改造需要结合开关站全站停电实施，确保施工作业的现场安全。

（3）增加的电动操动机构额定功率应不大于 120W，原电动操动电源为 AC 220V，DTU 需配置 UPS，其容量需满足操动机构容量要求，如图 3-8 所示。原电动操动机构电源为 DC 48V 或 DC 24V，DTU 需提供相应的电源输出端子。

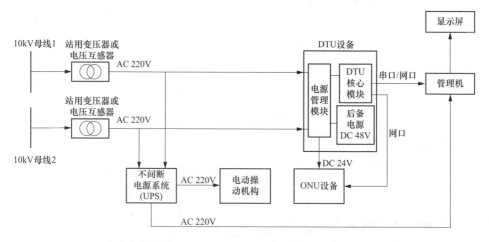

图 3-8 电源为 AC 220V 的电动操动机构接线方式

（4）在开闭所原有手动操动机构的基础上加装电动操动机构，需配合 TA、DTU 柜，使主站能够对开闭所的联络开关实现"三遥"（遥信、遥控、遥测）。

（5）由于配电自动化改造项目中型号多、现场情况复杂等影响施工的因素较多，需要充分的前期勘察，有些现场需要多次勘察核实。

（6）鉴于该项目的重要性，各种型号的电动操动机构要及时稳定供应，要做好临时调整机械结构的应急准备。同时，必须在人员、工器具、机械等物质方面给予充分保障，并组织协调好。必须建立技术、物资、设备、人员等各类应急机制，以确保该项目顺利开展，保证优质按时完工。

二、电动操动机构的技术要求

（1）操动机构自身应具备防止跳跃的性能；应配备断路器的分合闸指示，操动机构的计数器、储能状态指示应明显清晰，便于运行人员直接观察。

（2）操动机构应具有紧急跳闸功能，并有防碰措施。

（3）操动机构箱应能防尘、防寒、防热、防潮、防水、防止小动物与异物进入。

（4）有符合国标的铭牌，铭牌用耐腐蚀材料制成，字样、符号应清晰、耐久，铭牌安装位置应明显可见。

（5）弹簧操动机构，并联脱扣器当满足 $85\%\sim110\%U_a$ 时应可靠合闸，$65\%\sim110\%U_a$（直流）或 $85\%\sim110\%U_a$（交流）时应可靠分闸，$30\%U_a$ 及以下时不动作。

（6）弹簧操动机构应具备手动、电动储能和操作功能。当断路器处于断开或闭合位置，都应能对合闸弹簧储能。在正常情况下，合闸弹簧完成合闸操作后要立即自动开始再储能，并在20s内完成储能。

（7）应有机械装置指示合闸弹簧的储能状态，并配有辅助触点。弹簧在储能过程中不能合闸，并且弹簧在储能全部完成前不能释放。

（8）当操动机构处于任何动作位置时，均能取下或打开操动机构的箱门，以便检查修理辅助开关和接线端子。

（9）操动机构的辅助开关动合、动断触点数量要满足现场需求，触点容量不小于220V/5A。端子采用阻燃防尘型铜质端子，能牢固压接导线，并留有20%备用端子。

（10）所有辅助触点应在电气接线图上标明编号并且连接至端子排，每个辅助开关及所有辅助触点的电气接线必须编号。

三、现场施工

（1）开展施工前期应勘察摸底，记录所需改造站所电动操动机构

（见图 3-9）的厂家、参数、型号。施工前认真核对电动操动机构型号，检查确认电动操动机构外观完好、接线端子等无脱落，外观无锈蚀情况，外观标志齐全、清晰。收集整理电动操动机构出厂合格证明文件及技术资料。

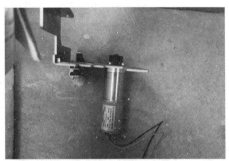

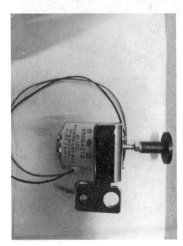

图 3-9　电动操动机构零部件

（2）施工前，施工人员应做好各项准备，再进入施工现场。

（3）仔细核对、确认本次需要改造的联络间隔，检查电动操动机构的型号、驱动电压，且须与现场开关柜型号、配电自动化终端匹配。做好安全措施后，在工作地点放置"在此工作"标示牌，防止误操作及误入带电间隔。

（4）拆卸操动机构室的面板。

1) 部分柜型的面板是整体的，需要整体拆卸，其他间隔的锁也需要全部打开。

2) 对于采用螺栓和铆钉结合方式的面板，需要准备充电型电钻、4mm钻头，铆钉枪、4mm铆钉，以便拆卸和恢复面板。

3) 拆卸面板（见图3-10）和安装过程中，切勿碰触到其他间隔的机构。

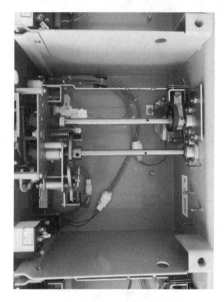

图3-10　拆卸操动机构室面板

（5）手动试验分、合负荷开关和接地开关，确保原有手动操动机构能够正常分合。

（6）在原有手动操动机构基础上加装电动操动机构。根据每种型号电动操动机构的安装手册进行安装，根据开关柜电动操动机构装配图纸，正确、牢固装配电动操动机构及进行二次控制回路配线。二次回路导线不应有接头，导线两端均应标明回路编号，字迹清晰、工整且不易脱色。

（7）电动操动机构加装完成后，手动分、合负荷开关和接地开关，确保加装之后能够正常分、合，同时确认微动开关的位置状态是否正确。

（8）按照试验要求试验电动操动机构远控、就地动作的准确性以及闭锁功能。

（9）恢复现场，确保改造的开关处于分位，然后交由运行人员进行进一步操作。

开关柜机构的安装与调试

项目四

二遥站所终端
的安装调试

>> 【项目描述】　本项目包含配电自动化二遥站所终端技术要求、安装调试等内容，通过概念描述、术语说明、结构介绍，掌握二遥站所终端的具体要求。并通过二遥站所终端改造实例进行详细介绍，从而使读者进一步熟悉该设备的各项内容。

任务一　二遥站所终端技术要求

>> 【任务描述】　本任务主要讲解二遥站所终端的技术要求。通过对二遥站所终端技术规范的介绍，明确现场施工的技术要点，加强设备安装质量，减少设备故障投运的情况，达到安全施工的目的。

>> 【知识要点】

牢记二遥站所终端的改造基本原则；熟知二遥站所终端应具备的基本功能及相关设备参数。

>> 【技能要领】

一、二遥站所终端改造原则

（1）可采用 TV 取电、交流取电等方式为二次设备供电。

（2）根据系统要求，需增加遥信上传信号，开关分合位必须上传；其他如弹簧未储能、接地开关位置、SF_6 压力、保护动作、手车位置、熔丝熔断、控制回路断线等信号接点可根据现场实际情况和需求进行上传，逐步提高遥信信号采集的完整性；

（3）开关间隔至少配置 A 相、C 相、零序三个 TA，用于测量和故障判断，用于故障检测的 TA 至少应满足 0.5 的级数要求。建议采用 A、C 相变比分别为 600/5，零序 100/5。

（4）终端的安装方式包括标准组屏式、非标准组屏式、壁挂式。

（5）模式适用地区。乡镇等光纤铺设较为困难的电缆线路优先采用开闭所智能监控装置进行覆盖，其中优先改造一次设备情况较好，重要用户所在的线路。

二、二遥站所终端选型及技术参数

（1）具备就地采集至少 4 路开关的模拟量和状态量功能，并具备测量数据、状态数据远传的功能，可实现监控开关数量的灵活扩展。

（2）具备双位置遥信处理功能，支持遥信变位优先传送。

（3）具备故障检测及故障判别功能。

（4）支持故障录波功能，录波范围包括（不少于）启动前 4 个周波、启动后 8 个周波，每周波不少于 80 个采样点，录波数据应符合 Comtrade1999 标准的文件格式要求。

（5）具备故障指示手动复归、自动复归和主站远程复归功能，能根据设定时间或线路恢复正常供电后自动复归，也能根据故障性质（瞬时性或永久性）自动选择复归方式。

（6）具备 4 路 RS-485 接口和 4 路网络通信接口。

（7）具备对时功能，接收主站或其他时间同步装置的对时命令，与主站时钟保持同步。

（8）具备温湿度、气体（SF_6、O_2、O_3）、烟感、水位、红外入侵等辅助监测装置功能。

（9）具备接入门禁、照明、排风等辅助控制装置功能。

（10）具备远程维护功能：程序远程升级及远程参数设置。

（11）具备就地指示功能：具有明显的线路故障和终端、通信异常等就地状态指示信号。

任务二　二遥站所终端的安装

≫【任务描述】　本任务主要讲解二遥站所终端的现场安装，以及对各类温湿度传感器的安装技术要求进行介绍。通过安装、调试技术要点的介绍，提高设备安装质量，减少设备故障投运的情况，达到安全施工的目的。

≫【知识要点】

（1）了解终端本体安装要点。

（2）掌握烟雾、温湿度、门禁、水浸传感器安装要点。

≫【技能要领】

一、安装前准备工作

1. 现场勘查

现场勘察查看施工作业需要停电的范围、保留的带电部位、装设接地线的位置、邻近线路、交叉跨越、多电源、自备电源、地下管线设施和作业现场的条件、环境及其他影响作业的危险点，并提出针对性的安全措施和注意事项。根据现场勘察情况填写现场勘察记录单。若环网柜内有足够空间，在现场勘察的同时，将站所终端预先放置在环网箱（室）内，如图 4-1 所示。

图 4-1　预先放置 DTU

2. 工作许可及工作票

工作当天，运维班组完成倒负荷操作（见图 4-2），工作许可前，完成相应的安全措施布置。倒闸操作根据调度正令，严格执行唱票复诵制度。

图 4-2　倒负荷操作

按照 Q/GDW 1799.1—2013《国家电网公司电力安全工作规程（变电部分）》的规定，需要高压部分停电或做安全措施的应填用配电第一种工作票。工作票提前一天开好，工作许可后，运维班组交出工作面，如图 4-3 所示。

图 4-3　配电第一种工作票相关安全措施

二、二遥站所终端本体安装

根据环网箱（室）的结构及空间情况，可选取壁挂式安装或者立式安装两种方式，壁挂式安装应选取尽量美观、方便走线的位置，以膨胀螺栓固定在墙壁上，线缆直接接入航插。立式安装将站所终端用膨胀螺栓固定在地面，水泥台下方挖空供线缆进入，接入装置内，装置安装箱与水泥台接触面要做密封处理。

1. 立式安装

在停电之前，按施工图纸确定站所终端屏柜位置（见图 4-4），同时二次电缆铺设到位，屏柜组立，并通过试验电源进行上电试验，工作完成后注意孔洞封堵，防止小动物进入。

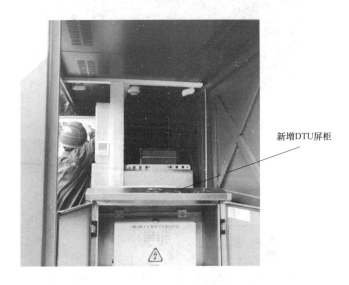

新增DTU屏柜

图 4-4　立式安装

2. 壁挂式安装

环网室内由于位置受限，不能安装立式 DTU 柜子，采用壁挂式加装端子箱，如图 4-5 所示。

三、管路敷设

墙面线管开槽、布管、穿线遵守就近原则，即一般用电器具在高度 1.5m 以上时集中成束往天花板上穿管布线，避免线路裸露在墙体外的情况发生，降低安全隐患，具体情况可因实际施工情况适当变通。

四、电缆管线敷设

（1）敷设电缆时应合理安排，不宜交叉；敷设时应防止电缆之间及电缆与其他硬物体之间的摩擦；固定时，松紧应适度。

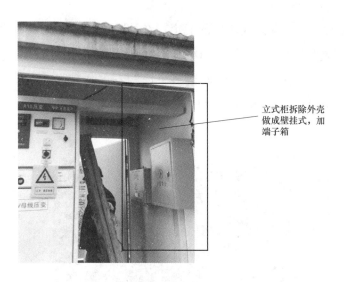

图 4-5　壁挂式安装

（2）多芯电缆的弯曲半径，不应小于其外径的 6 倍。

（3）信号电缆（线）与电力电缆交叉时，宜成直角；当平行敷设时，其相互间的距离应符合设计规定。

（4）在同一线槽内的不同信号、不同电压等级的电缆，应分类布置；对于交流电源线路和联锁线路，应用隔板与无屏蔽的信号线路隔开敷设。

（5）电缆沿支架或在线槽内敷设时应在各处固定牢固。

（6）线槽垂直分层安装时，电缆应按仪表信号线路、安全联锁线路、交流和直流供电线路的规定顺序从上至下排列。

（7）电缆在沟道内敷设时，应敷设在支架上或线槽内。当电缆进入建筑物后，电缆沟道与建筑物间应隔离密封。

（8）其他要求。电线穿管前应清扫保护管，穿管时不应损伤导线；仪表信号线路应分别采用各自的保护管。

五、采集传感器的安装

1. 红外传感器

红外传感器一般安装在开闭所大门上方，其设计符合 GB 50394—2007

《入侵报警系统工程设计规范》的规定。在站、室内各个出入口设置入侵探测器时建议选用吸顶式红外入侵探测器，水平安装，距地宜小于 3.6m。红外传感器的覆盖范围应无盲区，当多个探测器的探测范围有交叉覆盖时，应避免相互干扰，其供电电源为 DC 24V，报警输出高电平。红外传感器如图 4-6 所示。

图 4-6　红外传感器

红外传感器的接线和现场实物见图 4-7 和图 4-8。

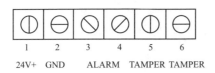

+24V—直流电源正极

GND—直流电源负极

ALARM—报警输出端口

TAMPER—防拆输出端口

图 4-7　红外传感器接线

2. 烟雾报警器

烟雾报警器安装在开闭所中央顶部或开关柜的上方，一般配套 2 个烟雾探测器，并将 2 个设备的报警输出串联后接到航插的烟雾遥信端子，如图 4-9 所示。

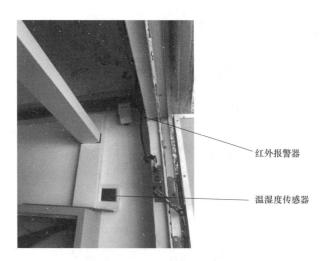

红外报警器

温湿度传感器

图 4-8 红外报警器现场实物

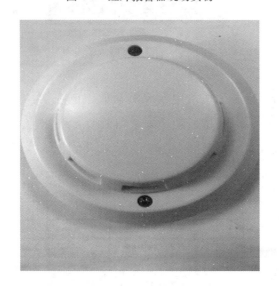

图 4-9 烟雾报警器

烟雾报警器的接线见图 4-10。

NC	NO	COM	GDN	+24V
1	2	3	4	5

NC—报警输出端口
NO—空
COM—报警输出公共端
+24V—直流电源正极
GND—直流电源负极

图 4-10 烟雾报警器接线

烟雾报警器安装在环网箱顶部时如图 4-11 所示。

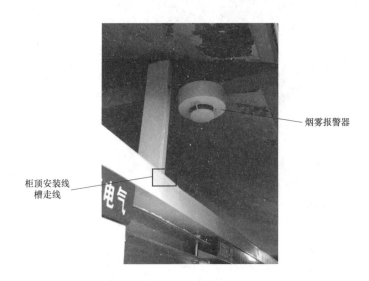

图 4-11　烟雾报警器现场实物

3. 水浸传感器

水浸传感器装在开闭所配电箱探测头放置电缆沟，具有高可靠、抗干扰、灵敏度高、响应时间快、便于安装等特点，当水位过高或遇水时发出报警信号。配置数量根据空间大小，$50m^2$ 以下设置 1 个，$50m^2$ 以上设置 2 个。水浸传感器如图 4-12 所示。

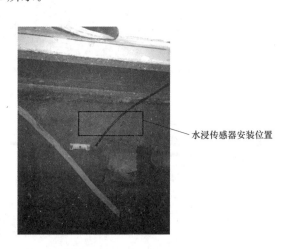

图 4-12　水浸传感器现场实物

4. 双气体（SF_6、O_2）传感器

双气体（SF_6、O_2）传感器主要用于监测组合电器设备室环境中 SF_6 气体泄漏情况和空气中含氧浓度。SF_6 气体浓度超过 1000×10^{-6} 时，输出报警信息；O_2 浓度低于 18% 时，输出报警信息；O_3 浓度低于 2×10^{-6} 时，输出报警信息。建议安装位置在离地坪基准点高度 $10 \sim 20cm$ 处，通过 RS-485 与上位机智能监测终端进行通信，如图 4-13 所示。

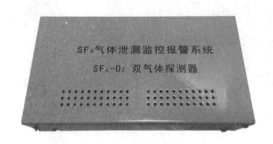

图 4-13　双气体传感器

双气体（SF_6、O_2）传感器的接线和实物如图 4-14 和图 4-15 所示。

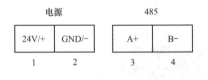

图 4-14　双气体传感器接线

5. 温湿度传感器

温湿度传感器建议安装在开闭所大门侧，安装高度位置离地坪基准点高度 1.5m，通过 RS-485 与智能监测终端进行通信，如图 4-16 所示。

6. 门禁

在对门进行安装改造时，要预先布好电源线和控制线，埋入门或门框内，并预留一定的长度来接入电控锁，通过 RS-485 与上位机智能监测终端进行通信以监测门禁状态，并通过联动控制出口实现联动控制功能。

双气体
探测仪

图 4-15　双气体传感器现场实物　　　图 4-16　温湿度传感器

六、零序互感器及二次接线安装

1. 零序 TA 安装

各间隔原 TA 安装 A、C 两相，精度为 0.5 级，按设计要求进线间隔加装零序 TA，如图 4-17 所示。

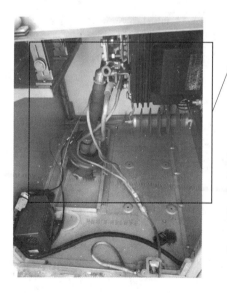

原TA安装A、C两相，需加装零序TA

原TA准确级为0.5级

图 4-17　零序 TA 安装

2. 站所终端屏柜内端子排安装及接线

在停电之前，按施工图纸确定站所终端屏柜位置，同时二次电缆铺设到位，屏柜组立，并通过试验电源进行上电试验，工作完成后注意孔洞封堵，防止小动物进入，停电改造前通信设备应安装完毕。DTU 柜内接线如图 4-18 所示。

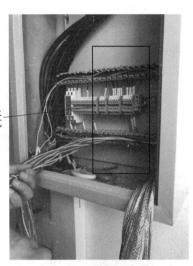

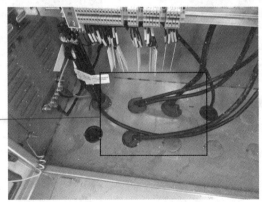

图 4-18　DTU 柜内接线

3. 进线柜二遥接线

严格按照设计图纸施工，电流采样确保 TA 不开路，TV 不短路。二次接线还应满足以下规定要求：

（1）电缆连接航空插头。根据航插定义，使用电烙铁将电缆焊接于对应的航插上，总体要求焊点可靠、平滑。

（2）电缆头制作应根据电缆规格、型号选择相应规格的热缩套，热缩套管下料长度要求为 60mm，套入热缩位置应以电缆割破点上方 25mm。

（3）电缆线芯必须完全松散并进行拉直，但不能损伤线芯。

（4）备用芯要求统一放置在端子排顶端。

（5）每个接线端子的每侧接线不得超过 2 根，对插接式端子，不同截面的两个导线不得接在同一端子；对螺栓式端子，当压接两个导线时中间应加平垫。

（6）硬芯线并且盘内端子采用螺栓压接方式时，芯线就必须弯圈，圆圈必须按顺时针方向且大小应适当。

（7）二次接线施工完成后需用防火泥对二次电缆孔洞进行封堵。

进线柜二遥接线示意如图 4-19 所示。

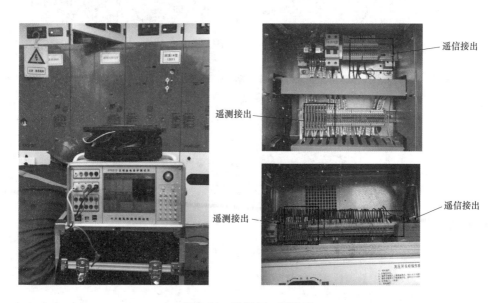

图 4-19　进线柜二遥接线

任务三　二遥站所终端安装实例

>> 【任务描述】　本任务主要讲解二遥站所终端安装实例的要点。通过对安装实例的介绍，熟悉二遥站所终端的安装流程，掌握其安装的规范和要领。

>> 【知识要点】

了解二遥站所终端安装实例的具体内容及要求。

>> 【技能要领】

本电缆网二遥改造共涉及 12 个环、28 条线路、45 个环网室（箱），以白区 D299 线、华侨 543 线单环网及桑园 D45P 线、上王 D46A 线、猴塘 D615 线、金家 D632 线双环网为例，选取其中某乙环网箱详细说明。

一、改造后的单环网标准展开图及终端配置情况

骆店 D45G 线、北三 D614 线的中磊 D 环网箱、利越 D 环网箱、宏城 D 环网箱、广丰 D 环网箱按照电缆线路"二遥"建设模式建设，对进出线开关进行二遥改造。某乙环网箱安装 1 台开闭所智能监测终端，以及配套的红外探测器、烟雾探测器、水浸变送器、温湿度变送器、SF_6 探测器等设备，如图 4-20 所示。

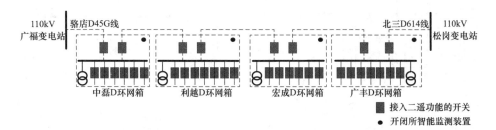

图 4-20　二遥站所终端自动化改造

二、土建改造方案

某乙环网箱土建图如图 4-21 所示。二遥终端加装工程根据实际情况，当环网室内有开闭所智能监测终端基础预留时，安装于预留位置；不满足时，新增开闭所智能监测终端基础。户外环网箱采用户外新立开闭所智能监测终端或安装于环网箱体内。

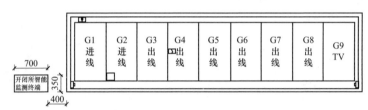

红外入侵探测器，门两侧，离地1200mm
温湿度传感器，离地1200mm
开闭所智能监测终端
烟雾传感器，箱顶下中间
水浸传感器，离沟底800mm

图 4-21　某乙环网箱土建图

土建基础图如图 4-22 所示，槽钢尺寸见表 4-1。

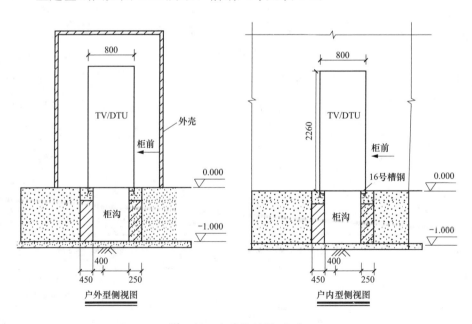

图 4-22　土建基础图（一）

80

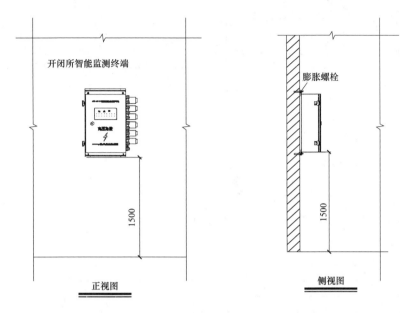

图 4-22　土建基础图（二）

表 4-1　　　　　　　　　　　　槽　钢　尺　寸

项目	槽钢（10）	扁钢（−50×5）	UPVC管（ϕ150）	外壳
PT柜（户内）	4m	5m		
DTU（户内）	4m	5m		
测控终端（户内组屏）	4m	5m		
PT柜（户外）	4m	5m	15m	1座
DTU（户外）	4m	5m		1座
测控终端（非标组屏）	4m	5m		1座

三、一次建设改造情况

某乙环网箱为单段母线，母线采用二进六出的接线方式，共计 9 个环网间隔，本期无预留位置，新建基础加装 1 台 DTU，环进环出间隔加装 100/5TA（零序 TA），见图 4-23。

遥信信号为开关合位、开关分位、接地开关位置、SF_6 气压低、弹簧未储能；遥测信号采集电压、电流测量信号；监测通过 485 信号采集红外、水浸、烟雾、温湿度、SF_6 探测告警信号。

功能类别	二遥								
间隔	骆店 D45G	骆店 DBJ9	母线TV	待用 D1K0	宏城I D1K1	待用 D1K2	待用 D1K3	小九天I D1K4	待用 D1K5
属性	进线 (主干线)	进线 (主干线)	电压 互感器	出线 (分支线)	出线 (分支线)	出线 (分支线)	出线 (分支线)	出线 (分支线)	出线 (分支线)
一次接线方案									

母线段	母线								
功能	二遥	二遥							
电操机构操作电压									
电流互感器	2只(600/5)	2只(600/5)		2只(300/5)	2只(300/5)	2只(200/5)	2只(200/5)	2只(200/5)	2只(200/5)
零序电流互感器	1只(100/5)	1只(100/5)							
是否连接DTU	是	是	是						
TV容量			1.2kVA						
带电显示器	有	有	有	有	有	有	有	有	
接地开关	无	无	无	有	有	有	有	有	有

注：现场图中红色字体为新增设备，蓝色字体为改造设备，黑色字体为原有设备。

图 4-23　某乙环网箱一次配置图

四、建成后的配电自动化实现方式

本单环网线路中站室配置二遥站所终端，进行"二遥"自动化改造，通过无线通信把采集到的 A、C 相及零序电流、开关合位、开关分位、接地开关位置、SF_6 气压低、未储能信息等数据传送至后台主站，主站通过收集到的现场信息，判断配电网运行状态。当线路发生故障时确定故障区域，此时主站运维人员告知线路检修人员故障区域，线路检修人员根据主站运维人员提供信息到现场处理故障。同时通过终端，采集红外、烟雾、水浸、温湿度、SF_6 泄漏等环境监测信息至主站，实现环境监测和告警功能。

项目五

三遥站所终端工程前期准备

◇ 【项目描述】 为确保配电自动化工程一次建成投运,避免二次停电,新建配电主站及通信网原则上应先于配电终端建成。因此,在三遥 DTU 工程实施前,必须完成配电主站及通信网建设、明确三遥 DTU 技术规要求,并根据实际需要完成三遥 DTU 工程各项准备工作。

任务一 三遥站所终端技术要求

◇ 【任务描述】 本任务主要讲解三遥站所终端技术要求。通过对三遥站所终端技术规范的介绍,明确现场施工的技术要点,加强设备安装质量,减少设备故障投运的情况,达到安全施工的目的。

◇ 【知识要点】

三遥站所终端在现场施工安装时,为了保证能正常运行,应满足一定的技术要求。本任务主要从环境温度和湿度、电源、接口、通信、终端、主站配置等要求进行详细介绍,明确三遥站所终端现场安装时的要求和注意事项,为后续设备投运提供质量保证。

◇ 【技能要领】

1. 环境温度、湿度要求

站所终端应符合 C3 级别要求,工作场所环境温度和湿度分级见表 5-1。

表 5-1   工作场所环境温度和湿度分级

级别	环境温度		湿度		使用场所
	范围（℃）	最大变化率（℃/min）	相对湿度（%）	最大绝对湿度（g/m³）	
C3	−40～+70	1.0	10～100	35	室内、户外

2. 电源要求

(1) 供电电源采用交流 220V 供电、直流屏供电或电压互感器供电时

84

技术参数指标应满足：

1）电压标称值应为单相 220V 或 110V（100V）；

2）标称电压容差为＋20%～－20%；

3）频率为 50Hz，频率容差为±5%；

4）波形为正弦波，谐波含量小于 10%。

（2）配套电源输出要求。

1）电源输出和输入应电气隔离；

2）电压标称值为 220、110、48V 或 24V；

3）标称电压容差为＋15%～－20%；

4）电压纹波不大于 5%；

5）工作电源满足同时为终端、通信设备、开关分合闸提供正常工作电源；

6）主电源供电和后备电源都应独立满足终端、通信设备正常运行及对开关的正常操作。

（3）后备电源要求。

1）后备电源应采用免维护阀控铅酸蓄电池或超级电容。

2）免维护阀控铅酸蓄电池寿命不少于 3 年，超级电容寿命不少于 6 年。

3）后备电源能保证配电终端运行一定时间且满足相应的要求，见表 5-2。

表 5-2　　　　　　　　　　后备电源的技术参数

终端类型	后备电源维持时间
DTU 三遥终端	免维护阀控铅酸蓄电池：应保证完成分-合-分操作并维持配电终端及通信模块至少运行 8h。 超级电容：应保证分闸操作并维持配电终端及通信模块至少运行 15min

4）蓄电池室内配置低温型无源热启动全淹没式气溶胶灭火器，同时要求气体无毒、绝缘、无沉降物、启动温度稳定（170℃左右）以有效避免误动作。

3．接口要求

（1）站所终端接口采用航空插头或端子排的连接方式。

（2）站所终端具备接收状态监测、备自投、继电保护等其他装置数据的通信接口。

4. 通信要求

（1）配电自动化终端及子站的通信规约应支持 DL/T 634《远动设备及系统》系列标准的 101、104 通信规约，硬件应支持 DL/T 860《电力自动化通信网络和系统》系列标准的传输协议，在不更换硬件的情况下应能实现基于 GOOSE 的智能分布式馈线自动化功能。

（2）RS-232/RS-485 接口传输速率可选用 1200、2400、9600bit/s 等，以太网接口传输速率可选用 10/100Mbit/s 全双工等。

（3）无线通信模块支持端口数据监视功能，监视当前模块状态、IP 地址、模块与无线服务器之间的心跳、模块与终端之间的心跳等。

（4）具备网络中断自动重连功能。

（5）配电终端与主站建立连接时间应小于 60s。

（6）在主站通信异常时，配电终端应保存未确认及未上送的 SOE 信息，并通信恢复时及时传送至主站。

（7）接受并执行主站下发的对时命令，光纤通道对时精度应不大于 1s，无线通信方式对时精度应不大于 10s。

（8）终端应支持基于非对称密钥技术的单向认证功能，终端侧应能够鉴别主站的数字签名，同时具备集成安全加密芯片，芯片支持 X.509 标准格式 SM2 数字证书的解析功能，支持 SM1 数据加密和解密功能，支持 SM2 算法的签名和鉴签功能，支持 SM2 算法公私密钥对的产生功能，支持消息认证码 MAC 计算和验证功能，相关功能需与主站侧实现配合。

（9）需满足国家电网公司安全接入平台的接入要求。

5. 终端要求

（1）终端底座。

1）底座应使用绝缘、阻燃、抗紫外线的环保材料或金属制成；

2）底座应耐腐蚀、抗老化、有足够的硬度，上紧螺栓后不应有变形现象；

3）终端底座开孔在出厂前采用橡皮圈封堵牢固。

（2）终端端子护盖。

1）护盖应使用绝缘、阻燃、防紫外线的环保材料制成；

2）护盖应耐腐蚀、抗老化、有足够的硬度，上紧螺栓后，不应有变形现象；

3）护盖上按钮的材料和颜色应与表盖颜色一致。

（3）端子座及接线端子。

1）端子座应使用绝缘、阻燃、防紫外线的环保材料制成，要求有足够的绝缘性能和机械强度。

2）电压、电流端子应组装在端子座中，端子应采用 H62 铜或更好的材料钝化、镀铬或镀镍制成，接线端子的截面积和载流量应满足 1.2 倍最大工作电流长期使用而温升不超过限定值。

3）端子座接线端钮的孔径应能容纳至少 18mm 长去掉绝缘的导线，和螺钉的配合应能确保牢固固定最小 2.5mm^2 的导线，固定方式应确保充分和持久的接触，以免松动和过度发热。

4）在加封后应不能触及接线端子。端子座的表内端子部分采用嵌入式双螺钉旋紧。

5）电压、电流端子螺栓应使用防锈且导电性能好的一字、十字通用螺栓，接线螺杆直径应不小于 M4 并有足够的机械强度。

6）电压、电流端子的接线柱在受到向内的 60N 的接线压力时，接线柱不内缩。

7）辅助端子的接线柱在受到向内的 10N 的接线压力时，接线柱不内缩。

8）终端端子座与终端底座之间应有密封垫带，密封良好。

9）端子座内接线端子号应刻印，不磨损。

（4）终端外壳及封印螺栓。

1）外壳及封印螺栓应采用 H62 铜或铁钝化、镀铬或镀镍制成的十字、一字通用螺栓。

2）除接线端子座的装表封印外，终端还应具有出厂封印。封印结构能防止未授权人打开表盖而触及终端内部。封印不能隐藏在端子座内，在安装运行状态，终端封印状态应可在正面直接观察到。出厂封印为一次性编码封印，表座固定螺钉孔采用盖帽胶封。

（5）端子排。

1）端子排应使用绝缘、阻燃、防紫外线的环保材料制成；

2）端子排应具备良好的防凝露引起的端子短路措施；

3）要求耐腐蚀、抗老化、有足够的硬度，上紧螺栓后，不应有变形现象；

4）终端电流、电压接线端子接线端子、RS-485接口接线端子等均要在端盖上用硬质接线图刻印标明。

6. 主站配置要求

（1）硬件配置要求。配电主站硬件包括数据库服务器、SCADA服务器、前置服务器、无线公网采集服务器、接口服务器、应用服务器、磁盘阵列、Web服务器以及调度员工作站、维护工作站、二次安全防护装置、局域网络设备、刈吋装置及相关外设等。

（2）软件配置要求。

1）基本功能。配电主站均应具备的基本功能包括：配电SCADA；模型/图形管理；馈线自动化；拓扑分析（拓扑着色、负荷转供、停电分析等）；故障研判；与调度自动化系统、GIS、PMS等系统交互应用。

2）扩展功能。配电主站可具备的扩展功能包括自动成图、操作票、状态估计、潮流计算、解合环分析、负荷预测、网络重构、安全运行分析、自愈控制、分布式电源接入与控制、经济优化运行、工单管理、计划停电范围分析、基于GIS的抢修调度综合展示（Ⅲ区功能）等配电网分析应用以及仿真培训功能。

任务二　三遥站所终端到货验收

▶【任务描述】　本任务主要讲解三遥站所终端到货验收的具体要求。通过对三遥站所终端外观、箱体及内部设备验收标准的介绍，掌握三遥站所终端到货验收时的要点，为后续正常安装使用提供保障。

>> 【知识要点】

为了确保设备安装质量，三遥站所终端到货时应先进行检查，并满足相应的验收条件。本任务主要从三遥站所终端外观、箱体及内部设备等三个方面进行详细阐述，明确验收的标准和要点，达到规范三遥站所终端验收的目的。

>> 【技能要领】

三遥站所终端设备到达现场后，应及时进行下列外观检查：

（1）检查站所终端出厂前测试报告和出厂合格证，如图 5-1 所示。

图 5-1　检验报告

（2）检查站所终端不锈钢铭牌，内容应包含站所终端名称、型号、制造日期、制造厂家、产品编号、额定电压、额定电流、操作电源、装置电源等，如图 5-2 所示。

（3）检查站所终端箱体密封性、支撑强度和外观。站所终端前后门

图 5-2　DTU 铭牌

应开闭自如，箱体无腐蚀和锈蚀的痕迹，无明显的凹凸痕、划伤、裂缝、毛刺等，喷涂层无破损且光洁度符合标准，颜色应保持一致。

（4）箱体内的设备、主材、元器件安装应牢靠、整齐、层次分明，终端背板布线应规范，设备的各模块插件与背板总线接触良好，插拔方便。

（5）箱体内的设备电源应相互独立，装置电源、通信电源、后备电源应由独立的低压断路器控制，应采用专用的直流、交流低压断路器。

（6）航空插头、插座的壳体采用绝缘外壳，防止航空插座和柜体接触，非金属材质，并采取防误插设计，以防止现场误插，如图5-3所示。

图5-3　航空插头

（7）检查蓄电池（见图 5-4）外观完好，无漏液、无电池膨胀及破裂，标称容量符合技术条件书要求。

图 5-4　蓄电池

（8）控制面板上的显示部件亮度适中、清晰度高，各接口标识清晰。

（9）检查站所终端操作电压与开关柜操作机构是否匹配。

任务三　三遥站所终端施工准备

≫【任务描述】　本任务主要讲解三遥站所终端施工准备。通过对三遥站所终端施工准备内容的介绍，熟悉现场施工流程，明确施工过程中的要点和注意事项，合理划施工进度，确保施工项目有序推进。

≫【知识要点】

对三遥站所终端施工前准备工作进行了详细描述，主要包括现场勘查、施工方案编制及审核、计划上报和工作票等几个方面。熟悉和掌握各个环节的要点，及时解决施工准备前发现的问题，确保三遥站所终端施工按照计划进行。

》【技能要领】

一、现场勘查及施工方案编制

（1）现场勘查由施工单位工作负责人担任，勘查的内容主要包括：

1）设备位置查寻。

2）现场是否存在政策处理问题。

a）办理配电自动化综合柜基础施工开挖证。

b）给设备点所在物业、业主委员会、用户发配电自动化施工告知涵。

3）危险点识别。

4）制定安装方案。

5）统计工程所需的材料。

（2）根据施工单位现场实际勘查情况，编制施工方案。

1）现场与设计吻合以设计图纸施工，当出现不吻合的情况时，由设计出变更后的方案，并以此为准实施。确认时间为七个工作日。

2）制定出详细的施工方案后上报运检部审核。

3）运检部对施工单位上报的施工方案进行审核，提出指导性意见，并及时反馈给施工单位。

二、停电计划上报及工作票填写

（1）停电计划上报。

1）上报前准备工作：

a）线路上所有光缆已敷设、熔接到位。

b）配电自动化综合柜已安装到位。

c）停电施工所需材料已备全。

2）配电自动化运维班按照施工要求填写停电计划，并向运检部上报。

3）组织召开配电计划平衡会，与运检部、调控中心协同商讨，并确认最终停电计划。

（2）工作票填写。

1）工作票由施工班组工作负责人填写，工作票采用电力线路一种票/电力电缆一种票。开闭所内工作需采用变电一种票，如图5-5所示。

变电站（发电厂）第一种工作票

单位：_____　　变电站：_____　编号：_____

1. 工作负责人（监护人）：_____　　班组：_____

2. 工作班人员（不包括工作负责人）：

_____

_____

共_____人

3. 工作内容和工作地点：

_____

_____

_____

4. 简图（详见附页）

5. 计划工作时间：自_____年___月___日___时___分至_____年___月___日___时___分

6. 安全措施（下列除注明的，均由工作票签发人填写，地线编号由工作许可人填写，工作许可人和工作负责人共同确认后，在已执行栏"√"）

序号	应拉开断路器（开关）、隔离开关（刀闸）（注意设备双重名称）	已执行
1		
2		
3		
4		
5		

序号	应装接地线或合接地开关（注明地点、名称和接地线编号）	已执行
1		
2		
3		
4		
5		

序号	应设遮栏或应挂设标示牌及防止二次回路误碰等措施	已执行
1		
2		
3		
4		
5		

序号	工作地点保留带电部位和注意事项（签发人填写）	补充工作地点保留带电部位和安全措施（许可人填写）
1		
2		
3		
4		

图5-5　工作票模板（一）

变电站（发电厂）第一种工作票

工作票签发人签名：_____　　　　　签发时间：_____年___月___日___时___分

7. 收到工作票时间：_____年___月___日___时___分　运行值班人员签名：_____

8. 确认本工作票 1~7 项：

工作负责人签名：_____　　　　　工作许可人签名：_____

许可开始工作时间：　　_____年___月___日___时___分

9. 确认工作负责人布置的工作任务和安全措施。工作班组人员签名：

_____

_____

10. 工作负责人变动情况：原工作负责人 _____ 离去，变更 _____ 为工作负责人

工作签发人签名：_____　　_____年___月___日___时___分

11. 工作人员变动情况（增添人员姓名、变动日期及时间）

_____

_____

　　　　　　　　　　　　　　　　　　　　　工作负责人签名：_____

12. 工作票延期：有效期延长到 _____年___月___日___时___分

工作负责人签名：_____　工作许可人签名：_____　_____年___月___日___时___分

13. 每日开工和收工时间（使用一天的工作票不必填用）

收工时间	工作负责人	工作许可人	开工时间	工作负责人	工作许可人

14. 工作终结：全部工作于 _____年___月___日___时___分结束，设备及安全措施已恢复至开工前状态，工作人员已全部撤离，材料工具已清理完毕，工作已终结。

工作负责人签名：_____　　　　　工作许可人签名：_____

15. 工作票结束：临时遮栏、标示牌已拆除，常设遮栏已恢复。

接地线编号：_____等共___组、接地开关（小车）共___副（台）已拆除或拉开。

保留接地线编号：_____等共___组、接地开关（小车）共___副（台）未拆除

或未拉开，已汇报调度员 _____

值班负责人签名：_____　　_____年___月___日___时___分

图 5-5　工作票模板（二）

　　2）工作票中停电范围、工作内容、停电时间必须与审核后的停电计划相对应。

　　3）工作票填写完毕后交与工作票签发人签发。

　　典型工作票如图 5-6 所示。

电力监控工作票

单位编号

1. 工作负责人　　　　　　　　　班组
2. 工作班成员（不包括工作负责人）
共　　　人。
3. 工作场所名称
4. 工作任务

工作地点及设备名称	工作内容

5. 计划工作时间：

自××年××月××日××时××分

至××年××月××日××时××分

6. 安全措施[所有账号，应汇报的单位（部门），应备份的文件、业务数据、运行参数和日志文件，应验证的内容等]（必要时可附页说明）：

编号	安全措施	执行人
6.1	自动化运维班及监控班完成相关数据库及画面检查	
6.2	在检修状态设备挂检修牌	
6.3	未投产试验设备挂未投产牌	
6.4	试验区域用红色虚框标示，标明试验区域	
6.5	试验过程做好与现场试验条件的确认：① 站内运行设备已经切在就地位置；② 当地后台已经完成遥控试验	
6.6	工作中加强监护，不超出工作范围	

工作票签发人签名：×××　　　　　××年××月××日××时××分

工作负责人签名：×××　　　　　××年××月××日××时××分

7. 确认工作负责人布置的工作和安全措施

工作班成员签名：×××

工作开始时间：××年××月××日××时××分

工作负责人签名：×××

8. 工作票延期

有效期延长到 ××年××月××日××时××分

工作负责人签名：×××　××年××月××日××时××分

工作签发人签名：×××　××年××月××日××时××分

9. 工作票终结

图 5-6　电力监控工作票

任务四　三遥站所终端联调准备

≫【任务描述】　本任务主要介绍三遥站所终端联调前的准备工作。通过对三遥站所终端联调准备工作的介绍，掌握各个准备工作环节的具体内容和注意事项，为后续联调工作正常开展打下基础。

≫【知识要点】

在三遥站所终端正式进行联调前，需要提前完成一系列的准备工作。本节主要从 IP 规划、通信网管拓扑绘制、安全证书导入、PMS 图模导入及自动化参数信息表等进行详细介绍，熟悉和了解三遥站所终端联调前需要做的准备工作，确保后期调试工作正常进行。

≫【技能要领】

一、IP 规划

IP 规划作为所有准备工作的第一步，按照站所的区域、环路以及环内具体位置进行命名，以便后期运维人员通过 IP 地址确定站所的相关信息。以下通过某供电公司的命名方式为例进行简要说明：

该供电公司站所终端的 IP 地址以 153.3 作为 B 类的私有地址，辖区共有 3 个配电自动化通信区域，按区域 IP 段可分为 1 个 C 类子网，见表 5-3。

表 5-3　　　　　　　　　　站所区域 IP 分段

站所名称	区域 IP 分段
卢宅变电站—白云变电站	153.3.1
白云变电站—塔山变电站	153.3.1
卢宅变电站—塔山变电站	153.3.1

在每个通信区域下，采用 10 进制，先根据终端地址所处的环路顺序进

行 IP 地址分配，再根据该通信环内顺序进一步分配。

例如，卢宅变电站-白云变电站位于第 1 环，环内站所名称示例见表 5-4。

表 5-4 站 所 名 称 示 例

编号	站所名称	编号	站所名称
1	江民 D 环网箱	5	艺宁 D 环网箱
2	滨江 D1 环网单元	6	云庭 D 环网箱
3	园林 D 环网单元	7	卢二 D 环网单元
4	汉海 D 环网单元		

如 7 号卢二 D 环网单元 DTU 的 IP 地址可编为 153.3.1.017。编号解释见表 5-5。

表 5-5 编 号 解 释

153.3	1	01	7
市（县）级	卢宅变电站—白云变电站	第 1 通信环	环内站所顺序编号

由配电自动化主站运维班组完成 IP 的规划，完成后交给三遥终端建设单位。

1. 变电站 OLT 配置表

本工程采用 40PON 口（可扩展）的 OLT 设备，配置方案如表 5-6 所示。

表 5-6 某市 OLT 设备数量统计

序号	站点	OLT 数量
1	110kV 塔山变电站	1
2	110kV 白云变电站	1
3	110kV 卢宅变电站	1

2. 典型链路说明

以塔山变电站—文化园环网箱—城南东路环网箱—城塔 D1 环网箱—

城塔 D2 环网箱—学东环网箱—卢宅变电站通信链路为例，对通信路由设计进行说明。

本工程通信光缆由塔山变电站二次室敷设光缆，经由城南东路、东永路，至卢宅变电站二次室，分别接入文化园环网箱、城南东路环网箱、城塔 D1 环网箱、城塔 D2 环网箱、学东环网箱及实现"三遥"通信终端，光缆长度 6.562km，其中管道光缆 2.492km、架空光缆 4.07km，如图 5-7 所示。

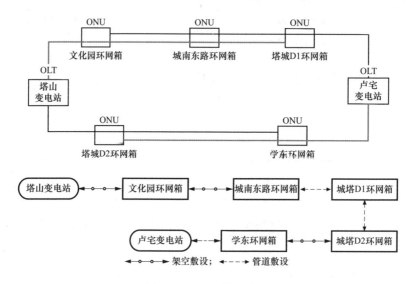

图 5-7　环 6 通信链路图

二、通信网管拓扑绘制

为了便于现场自动化设备调试，配电自动化主站运维班组应在光缆熔接开展前按照自动化通信区域地理位置，将光线路终端（optical line terminal，OLT）、光网络单元（optical network unit，ONU）绘制至一张或几张拓扑图中，需要具备依拓扑自动更新功能，根据地理位置进行手动调整，具备观察双向通道的功能，方便联调时查看及后期运维。

三、安全证书导入

（1）安全证书导入工作在 DTU 到货后即可开展，同时需确保联调前三周终端、主站侧均已导入安全证书。证书导入过程大致可分为两部分：

1）终端密钥导出并导入正式 KEY；

2）向电科院申请证书并正确导入主站。

（2）注意事项。

1）必须先使用测试 KEY 导出终端密钥才可以导入正式 KEY。

2）证书导入主站安全接入网关时须依照 IP 规划进行 IP 证书对应，并需将证书导入前置服务器。

3）地县一体化系统前置服务器在某供电公司调控中心配电自动化主站。

四、PMS 图模导入

为了实现图实一致，减轻配电自动化运维强度并提高运维质量，在三遥 DTU 施工前要先进行导入 PMS 图模导入工作。PMS 图模导入通常由运检部负责完成，其他部门协同配合。PMS 侧图模调试、异动由运检部门发起，运方负责审核；配电自动化系统图模导入由配电自动化主站运维人员完成；图形核对由调度或配调完成。PMS 图模导入一般要求在联调一周前完成，总体要求及各部门职责分工具体如下。

（1）总体要求。

1）PMS 专题图已传输并导入至主站，并同步更新。

2）单线图打印在 A3 纸中能看清标注。

3）区域系统图满足调度人员工作习惯。

（2）职责分工。

1）由运检部负责进行调图、制图，并发起流程将图模传送至主站系统；

2）由运方负责审核；

3）配电自动化主站运维人员导入主站并对可用性进行初步的判断；

4）配网调控中心在 OPEN5200 系统中对区域系统图进行验收。

五、自动化参数信息表

自动化参数信息表主要是为了记录站所终端参数信息和当前状态信息，方便后期配电自动化三遥改造施工和联调工作。自动化参数信息表模板应由设计单位依据供应商提供的DTU功能说明书及主站要求，综合现场设备信号进行编制和审核，充分考虑各设备的兼容完整性、后期扩展性，防止重新下装点表带来的点号错位风险。

（1）自动化参数信息表编制。典型自动化参数信息表一般由封面（用于停电计划、注意事项等说明）、遥信、遥测、遥控和一次接线图5部分组成，具体内容如表5-7～表5-10和图5-8所示。

1）封面：包含站所名称、编号、所属地区、编制日期、设备型号和生产厂家等信息，并且标注当日需要调控中心配合的具体工作内容。

2）遥测：包括间隔名称、核对信号等信息。

3）遥信：包括间隔名称、具体遥信上传点位与名称。

4）遥控：需要遥控的进线间隔名称、遥控操作时间。

5）一次接线图：符合现场实际的一次接线原理图。

表5-7　　　　　　　　　封　面　信　息

站所自动化参数信息表

编号：××环网单元-2019-001

所属地区	站所名称	编制日期
××市（县）	××环网单元	2019/5/26

本表用于××环网单元配电自动化三遥信息的说明，计划于2019年5月26日开展××环网单元配电自动化三遥改造施工。

工作具体事项：2019年5月26日开展××环网单元停用进线间隔，开展三遥联调试验。

编制：	审核：	批准：

表5-8　　　　　　　　遥测自动化参数信息

序号	间隔名称	信息描述	核对人（签名）		联调时间
0		DTU电池电压	对方：	本人：	
1		DTU-CPU温度	对方：	本人：	
2	间隔名称	备用	对方：	本人：	
3		备用	对方：	本人：	
4		备用	对方：	本人：	

续表

序号	间隔名称	信息描述	核对人（签名）		联调时间
5		备用	对方：	本人：	
6		备用	对方：	本人：	
7	间隔名称	备用	对方：	本人：	
8		备用	对方：	本人：	
9		备用	对方：	本人：	
10		10kV Ⅰ段母线 A 相电压	对方：	本人：	
11		备用	对方：	本人：	
12		10kV Ⅰ段母线 C 相电压	对方：	本人：	
13		备用	对方：	本人：	
14	10kV Ⅰ段母线	10kV Ⅰ段母线 AB 线电压	对方：	本人：	
15		10kV Ⅰ段母线 BC 相电压	对方：	本人：	
16		备用	对方：	本人：	
17		备用	对方：	本人：	
18		备用	对方：	本人：	
19		备用	对方：	本人：	
20		10kV Ⅱ段母线 A 相电压	对方：	本人：	
21		备用	对方：	本人：	
22		10kV Ⅱ段母线 C 相电压	对方：	本人：	
23		备用	对方：	本人：	
24	10kV Ⅱ段母线	10kV Ⅱ段母线 AB 相电压	对方：	本人：	
25		10kV Ⅱ段母线 BC 相电压	对方：	本人：	
26		备用	对方：	本人：	
27		备用	对方：	本人：	
28		备用	对方：	本人：	
29		备用	对方：	本人：	
30		××环网单元 A 相电流	对方：	本人：	
31		备用	对方：	本人：	
32		××环网单元 C 相电流	对方：	本人：	
33		××环网单元 零序电流	对方：	本人：	
34	××环网单元	××环网单元 功率因数	对方：	本人：	
35		××环网单元 有功	对方：	本人：	
36		××环网单元 无功	对方：	本人：	
37		备用	对方：	本人：	
38		备用	对方：	本人：	
39		备用	对方：	本人：	

表 5-9 遥信自动化参数信息

序号	间隔名称	信息描述	核对人（签名）	联调时间
0	10kV ×× 母线	DTU 电池电压	对方： 本人：	
1		DTU-CPU 温度	对方： 本人：	
2		备用	对方： 本人：	
3		备用	对方： 本人：	
4		备用	对方： 本人：	
5		备用	对方： 本人：	
6	DTU	DTU 装置控制切至就地装置	对方： 本人：	
7		DTU 交流输入失电告警	对方： 本人：	
8		DTU 蓄电池欠电压告警	对方： 本人：	
9		DTU 蓄电池充电故障	对方： 本人：	
10		DTU 蓄电池活化状态	对方： 本人：	
11		备用	对方： 本人：	
12		备用	对方： 本人：	
13		备用	对方： 本人：	
14		备用	对方： 本人：	
15		备用	对方： 本人：	
16		备用	对方： 本人：	
17		备用	对方： 本人：	
18		备用	对方： 本人：	
19	1 号进线	×× 开关	对方： 本人：	
20		×× 开关机构就地控制	对方： 本人：	
21		×× 线路接地开关	对方： 本人：	
22		×× 开关控制回路断线	对方： 本人：	
23		×× 开关机构弹簧未储能	对方： 本人：	
24		×× 开关 SF_6 气压低告警	对方： 本人：	
25		×× 线路过电流告警	对方： 本人：	
26		×× 线路接地	对方： 本人：	
27		备用	对方： 本人：	
28		备用	对方： 本人；	
29	2 号进线	×× 开关	对方： 本人：	
30		×× 开关机构就地控制	对方： 本人：	
31		×× 线路接地开关	对方： 本人：	
32		×× 开关控制回路断线	对方： 本人：	
33		×× 开关机构弹簧未储能	对方： 本人：	

序号	间隔名称	信息描述	核对人（签名）		联调时间
34		××开关SF₆气压低告警	对方：	本人：	
35		××线路过电流告警	对方：	本人：	
36	2号进线	××线路接地	对方：	本人：	
37		备用	对方：	本人：	
38		备用	对方：	本人：	

表 5-10　　　　　　　　　　　遥控自动化参数信息

序号	间隔名称	信息描述	核对人（签名）		联调时间
0		DTU 蓄电池活化状态	对方：	本人：	
1	DTU	备用	对方：	本人：	
2		备用	对方：	本人：	
3	1号进线	××开关	对方：	本人：	
4	2号进线	××开关	对方：	本人：	

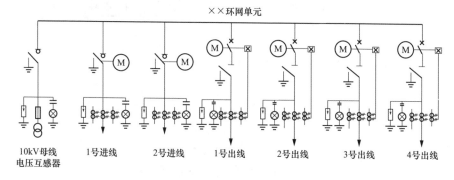

图 5-8　一次接线图

（2）自动化参数信息表审核流程。

1）施工单位根据供应商提供的 DTU 功能说明书及主站要求，综合现场设备信号编制自动化参数信息表，并提交给开闭所运维班审核。

2）开闭所运维班对自动化参数信息表中一次接线图和点位名称进行审核，若核对无误，则提交给配电自动化班作进一步审核；若发现问题，则反馈施工单位进行修改。

3）配电自动化班对自动化参数信息表中遥信、遥测表中具体信号进行逐一审核，确保信号与开关柜改造相一致。若核对过程中发现信号缺失、错误等问题，则返还给施工单位进行修改。

4）最后由运检部对自动化参数信息表进行把关并上报调控中心；若运检部对自动化参数信息表的编制规范具有相关疑义，则分别由施工单位、开闭所运维班和配电自动化班对负责部分作出书面说明。

5）调控中心作为自动化参数信息表的使用方，发现任何问题均可反馈运检部，并商议确定最终模板。

至此，一份完整的自动化参数信息表审核流程结束，具体过程如图 5-9 所示。

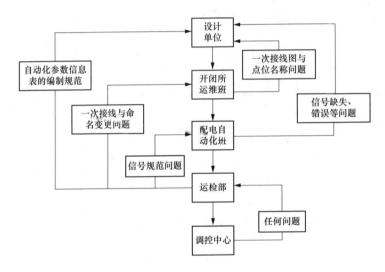

图 5-9　自动化参数信息表审核流程

项目六

三遥站所终端的安装、调试与验收

≫【任务描述】 本项目主要讲述三遥站所终端的安装、调试与验收过程中的相关规范、操作说明以及核心要点。通过操作描述、举例说明、原理说明等方式，帮助读者充分了解工作流程、作业规范、注意要点与合规标准。

任务一 三遥站所终端的安装

≫【任务描述】 本任务主要介绍三遥站所终端现场安装的施工步骤、方式方法及技术要求，主要分为工作准备、站所终端屏柜基础安装、二次接线、通信接线四个环节。三遥站所终端现场安装完成后，应具备现场调试的条件。

≫【知识要点】

三遥站所终端现场施工可分为工作准备、站所终端屏柜基础安装、二次接线、通信接线四个环节。工作准备主要指开工前履行的设备状态确认、人员精神状态确认等准备；站所终端屏柜的基础安装，是指将三遥站所终端屏柜安装到基础槽钢上的过程；二次接线是指遥测、遥信、遥控回路接线及 DTU 电源接线；通信接线是指光缆敷设、ONU 模块的接线及安装要领。

≫【技能要领】

一、工作准备

（1）现场开始工作前，应由工作负责人履行"三交三查"手续，"三交"即交代本次工作任务、现场安全注意事项、现场安全措施；"三查"即检查工作人员着装、工作人员的精神状态以及个人工器具。

（2）工作任务为某环网箱（室）三遥站所终端的现场安装。现场人员具体职责分工如表 6-1 所示。

表 6-1 人 员 分 工

序号	人员类别	职 责	作业人数
1	工作负责人	（1）正确组织工作； （2）检查工作票所列安全措施是否正确完备，是否符合现场实际条件，必要时予以补充完善； （3）工作前，对工作班成员进行工作任务、安全措施、技术措施交底和危险点告知，并确认每个工作班成员都已签名； （4）严格执行工作票所列安全措施； （5）监督工作班成员遵守本规程，正确使用劳动防护品和安全工器具以及执行现场安全措施； （6）关注工作班成员身体状况和精神状态是否出现异常迹象，人员变动是否合适	1人
2	专责监护人	（1）确认被监护人员和监护范围； （2）工作前，对被监护人员交待监护范围内的安全措施、告知危险点和安全注意事项； （3）监督被监护人员遵守 Q/GDW 1799.1—2013《国家电网公司电力安全工作规程：变电部分》和现场安全措施，及时纠正被监护人员的不安全行为	1人
3	安装人员	（1）服从工作负责人、专责监护人的指挥，严格遵守 Q/GDW 1799.1—2013《国家电网公司电力安全工作规程：变电部分》和劳动纪律，在确定范围内工作； （2）严格根据工作流程，认真完成机柜搬运、机柜安装、二次接线等工作； （3）正确使用施工器具、安全工器具和劳动防护用品	4人
4	调试人员	调试人员负责三遥 DTU 遥控、遥测、遥信等功能调试工作	3人

（3）现场安全注意事项。

1）现场设备均处于检修状态，未经许可不得随意改动设备状态。

2）施工作业过程中，应互相配合，做好安全防护。

3）其他影响正常施工的因素，如附近环境条件。

（4）现场安全措施。

1）环网室内电气设备均已停电，并处于检修状态。

2）环网室对侧线路均已停电，并处于检修状态。

3）施工现场已装设必要的围栏及标示牌。

4）补充设置安全防范所需的相关安全措施。

5）进入现场工作前，检查所有作业人员是否具备必要的电气知识，基本掌握本专业作业技能及 Q/GDW 1799.1—2013《国家电网公司电力安全工作规程：变电部分》、Q/GDW 11791—2017《配电自动化终端技术规范》相关知识，经安规考试合格后上报公司安监部备案。所有作业成员应严格遵守并执行安全规程。

（5）工作负责人还应检查现场工作人员的身体状况、精神状态良好，工作服着装符合规范。夏季施工还应注意防暑降温。

（6）工作前，应检查工作所需的材料完好充足，工作中需要用到的设备材料、工器具与仪器仪表和相关技术资料分别如表 6-2～表 6-4 所示。工作人员应检查个人工器具外观完好，在试验周期内，无明显缺陷。如有发现应及时进行更换。

表 6-2　　　　　　　　　　　工作所需的设备与材料

序号	名称	型号及规格	单位	数量	备　注
1	配电自动化综合机柜		台	1	含通信装置、三遥 DTU
2	电力电缆		m	适当	根据工作内容与现场情况适当增减
3	控制电缆	KVV 4×2.5mm²	m	适当	根据工作内容与现场情况适当增减
4	控制电缆	KVV 2×2.5mm²	m	适当	根据工作内容与现场情况适当增减
5	膨胀螺栓		只	8	根据工作内容与现场情况适当增减
6	封堵材料		kg	0.5	根据工作内容与现场情况适当增减

表 6-3　　　　　　　　　　　工器具与仪器仪表

序号	名称	型号及规格	单位	数量	备　注
1	验电笔	10kV	只	1	经过合格检验
2	接地线	10kV	组	1	经过合格检验
3	发电机		台	1	一个设备点一台
4	电源盘		只	1	带触保器
5	尖嘴钳		把	1	

序号	名称	型号及规格	单位	数量	备 注
6	活动扳手		把	2	
7	电工刀		把	1	
8	剥线钳		把	1	
9	螺丝刀（组合）		套	1	
10	梯子		张	1	根据需要携带防滑、绝缘，符合登高作业要求
11	验电笔		支	1	
12	触笔式万用表		只	1	
13	相序表		只	1	
14	现场照明		盏	1	
15	一次电流发生器		台	1	

表 6-4　　　　　　　相 关 技 术 资 料

序号	名　称	备　注
1	施工技术方案	
2	施工设计说明及施工设计蓝图	
3	设备厂家安装使用说明书	

二、站所终端屏柜安装

（1）基础安装。基础型钢架（见图 6-1）可预制或现场组装。按施工图纸所标位置将预制好的基础型钢架焊牢在基础预埋铁上，用水准仪及水平尺找平、校正，基础型钢安装后，其顶部应高出抹平地面10mm。需要垫片的地方，须按 GB 50661—2011《钢结构焊接规范》要求进行焊接，并在焊后完成清理、打磨、补刷防锈漆等后续工作。基础型钢安装完毕后，需要与地线连接，将地线扁钢与基础型钢的两端焊

图 6-1　基础槽钢

牢，焊接面应为扁钢宽度的大约两倍大小，然后在基础型钢表面刷两遍灰漆。基础型钢应有明显的可靠接地，且接地点不得少于两点。使用电气设备、电动工具时，要有可靠的保护接地（接零）措施，打孔眼时，应戴好防护眼镜。

（2）站所终端设备就位

1）站所终端屏柜应安装在干净、明亮的环境下，便于拆装、维护，且安装位置不应影响一次设备的正常运行与维护，如图6-2所示。

2）站所终端屏柜在卸装、搬运过程中应该专人负责统一指挥，指挥人员发出的指挥信号必须清晰、准确，搬运过程应缓慢移动，防止严重的冲击和震荡，以免损坏柜体、构件或伤人。

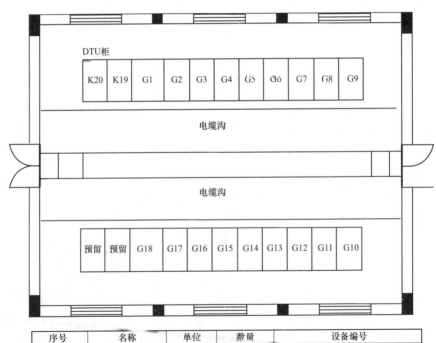

序号	名称	单位	数量	设备编号
1	站用变压器柜	台	2	G1, G18
2	母线设备柜	台	2	G2, G17
3	出线柜	台	10	G3~G7, G12~G16
4	进线柜	台	2	G8, G11
5	分段柜	台	1	G9
6	分段隔离柜	台	1	G10
7	直流屏	台	1	K19
8	DTU柜	台	1	K20

图6-2　DTU按图纸就位（一）

110

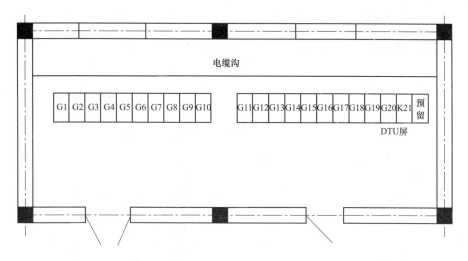

序号	名称	单位	数量	设备编号
1	TV柜	台	2	G1,G20
2	环入柜	台	2	G2,G19
3	环出柜	台	2	G3,G18
4	馈线柜	台	12	G4~G9;G12~G17
5	DTU屏	台	1	K20

图 6-2　DTU 按图纸就位（二）

　　3）组屏式站所终端屏柜基础槽钢应采用镀锌槽钢，柜体安装应垂直，柜体用螺栓固定（紧固螺栓应完好、齐全，表面用镀锌处理），柜体的固定也可采用焊接的方式，但应注意不得损伤屏体，且焊接表面应完成镀锌的工艺，焊接件的焊缝应牢固可靠，无裂纹，无明显的未熔合、气孔、夹渣等缺陷，外表面应打磨平整，如图 6-3 所示。

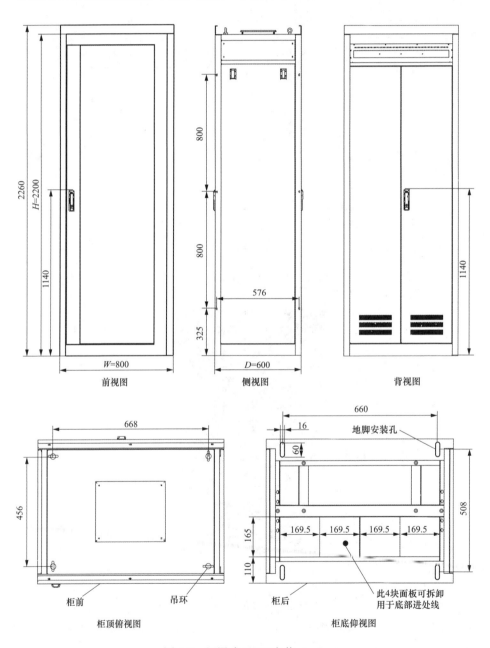

图 6-3　组屏式 DTU 安装（一）

图 6-3　组屏式 DTU 安装（二）

4）遮蔽立式站所终端的基础槽钢布置和工艺要求，与组屏式站所终端屏柜相同，如图 6-4 所示。

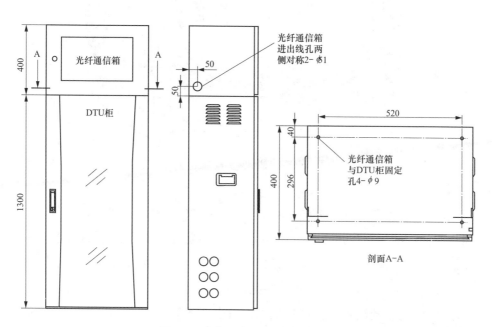

图 6-4　遮蔽立式 DTU 安装（一）

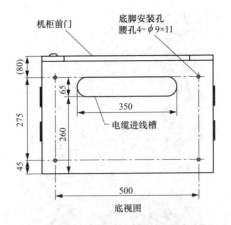

底视图

图 6-4　遮蔽立式 DTU 安装（二）

5）柜体的接地及柜内的保护接地应直接与接地网相连，镀锌扁铁的使用满足规范要求。

6）采用不锈钢材质的箱/柜，外箱尺寸大于 $1000\times600\times X$ 时，前门加工所使用的板材厚度不小于 2.0mm（不含涂层），箱体板材厚度不小于 1.5mm（不含涂层）。箱体焊接处使用氩弧焊工艺，渗入箱体内焊料均匀分布，确保焊接的可靠性，焊接连接处内表面无缝隙。

7）屏柜中的固定连接部位应牢固可靠，无松动现象；不拆卸螺栓的螺纹连接处应有防松措施；可拆卸螺栓应连接可靠，拆卸方便，拆卸后不影响再装配的质量，且不增加再装配的难度。

8）机柜门开启、关闭应灵活自如，锁紧应可靠；门的开启角度不应小于120°，机柜门开启后可牢靠支撑，不随意关闭；如箱/柜不加底座时，前门高度尺寸应小于箱/柜体高度。

9）屏柜及其零部件的可触及部分不应有锐边、棱角以及毛刺，防止在机箱/柜装配、安装、使用和维护中对人身安全带来伤害

三、二次接线

二次接线主要分为二次控制电缆敷设、航空插头制作和DTU电源接线。

（1）二次控制电缆接线与敷设。

1）严格按照设计图施工，接线正确。电缆敷设时，电缆应从盘上端引出，不应使电缆在支架上及地面发生摩擦拖拉，转弯位应该设置专人排放电缆，转弯处的电缆弯曲弧度一致、过渡自然。电缆敷设同时应排列整齐，不宜交叉，每敷设一条电缆要及时固定并装设标识牌，字迹应清晰、工整、不易脱色。控制电缆敷设完毕后，及时对终端电缆口进行封堵。

2）电缆敷设可以沿电缆沟敷设，也可以从开关柜顶部架设电缆桥架，如图 6-5 和图 6-6 所示。当电缆穿过开关柜电缆仓沿电缆沟敷设时，应注意直线电缆沟的电缆必须拉直，不允许直线沟内有电缆弯曲或下垂现象，电缆表皮应涂防火材料。当电缆从开关柜内引出至桥架时，桥架的高度和宽度应满足电缆最小弯曲半径的要求，桥架的载荷应满足要求，在震动大的场所，应埋设安装支、吊架的预埋件。

图 6-5 侧面桥架

图 6-6 顶部桥架

（2）航空插头即电缆接插件，芯数不等，大小多样。航空插头一般由金属外壳包裹，插头插座处螺丝扣，连接并旋紧固定后不易脱落。制作航空插头时，先在航空插头上挂锡，将线剥头并挂锡，然后在线上套热缩管，先加热插头柱锡，融化后再将线依靠于柱上。DTU 所需航空插头的引脚定义如表 6-5～表 6-9 所示。

表 6-5　　　　DTU 电压输入航空插头引脚定义（配套电子式互感器）

引脚号	标记	标记说明	电缆规格
1	Ua+	计量、测量 A 相电压正端	屏蔽双绞线
2	Ua−	计量、测量 A 相电压负端	屏蔽双绞线
3	Ub+	计量、测量 B 相电压正端	屏蔽双绞线
4	Ub−	计量、测量 B 相电压负端	屏蔽双绞线
5	Uc+	计量、测量 C 相电压正端	屏蔽双绞线
6	Uc−	计量、测量 C 相电压负端	屏蔽双绞线
7	U0+	零序电压	屏蔽双绞线
8	U0	零序电压公共端	屏蔽双绞线

表 6-6　　　　DTU 电流输入航空插头引脚定义（配套电子式互感器）

引脚号	标记	标记说明	电缆规格
1	Ia1+	A 相保护电流正端	屏蔽双绞线
2	Ia1−	A 相保护电流负端	屏蔽双绞线
3	Ib1+	B 相保护电流正端	屏蔽双绞线

引脚号	标记	标记说明	电缆规格
4	Ib1−	B 相保护电流负端	屏蔽双绞线
5	Ic1＋	C 相保护电流正端	屏蔽双绞线
6	Ic1−	C 相保护电流负端	屏蔽双绞线
7	Ias1＋	A 相计量电流正端	屏蔽双绞线
8	Ias1−	A 相计量电流负端	屏蔽双绞线
9	Ibs1＋	B 相计量电流正端	屏蔽双绞线
10	Ibs1−	B 相计量电流负端	屏蔽双绞线
11	Ics1＋	C 相计量电流正端	屏蔽双绞线
12	Ics1−	C 相计量电流负端	屏蔽双绞线
13	I01−	零序电流	屏蔽双绞线
14	I01com	零序电流公共端	屏蔽双绞线

表 6-7　　　　　DTU 电压输入端子定义（配套电磁式互感器）

引脚号	标记	标记说明	电缆规格
1	Ua	计量、测量 A 相电压	RVVP1.5mm^2
2	Ub	计量、测量 B 相电压	RVVP1.5mm^2
3	Uc	计量、测量 C 相电压	RVVP1.5mm^2
4	Un	相电压公共端	RVVP1.5mm^2
5	U0＋	零序电压	RVVP1.5mm^2
6	U0−	零序电压公共端	RVVP1.5mm^2

表 6-8　　　　　DTU 电流输入端子定义（配套电磁式互感器）

引脚号	标记	标记说明	电缆规格
1	Ia1	A 相保护电流	RVV2.5mm^2
2	Ib1	B 相保护电流	RVV2.5mm^2
3	Ic1	C 相保护电流	RVV2.5mm^2
4	In1	保护相电流公共端	RVV2.5mm^2
5	Ias1	A 相计量电流	RVV2.5mm^2
6	Ibs1	B 相计量电流	RVV2.5mm^2
7	Ics1	C 相计量电流	RVV2.5mm^2
8	Ins1	计量相电流公共端	RVV2.5mm^2
9	I01	零序电流	RVV2.5mm^2
10	I01com	零序电流公共端	RVV2.5mm^2

表 6-9　　　　　　　　　　DTU 扩展功能端子的定义

引脚号	标记	标记说明	电缆规格	备注
3	BAT+	电池电源+	RVVP4.0mm²	
4	BAT-	电池电源-	RVVP4.0mm²	
5	HQ	活化启动	RVVP1.5mm²	
6	HT	活化停止	RVVP1.5mm²	
7	HKCOM	活化控制公共端	RVVP1.5mm²	
8	GM	柜门开启	RVVP1.0mm²	
9	HHW	活化状态	RVVP1.0mm²	
10	BATQ	蓄电池欠压	RVVP1.0mm²	
11	POW1	工作电源1失电	RVVP1.0mm²	
12	POW2	工作电源2失电	RVVP1.0mm²	
13	YFZ	远方/当地总	RVVP1.0mm²	
14	YXCOM	遥信公共端	RVVP1.0mm²	
15	TX1A	电缆测温模块通信 RS232-发/RS485-A	RVVP1.0mm²	
16	TX1B	电缆测温模块通信 RS232-收/RS485-B	RVVP1.0mm²	
17	TX2C	电缆测温模块通信 RS232-地/RS485-地	RVVP1.0mm²	
18	TX1+	电缆测温模块电源+	RVVP1.0mm²	
19	TX1-	电缆测温模块电源-	RVVP1.0mm²	
20	TX2A	环境温湿度模块通信 RS232-发/RS485-A	RVVP1.0mm²	扩展的端子
21	TX2B	环境温湿度模块通信 RS232-收/RS485-B	RVVP1.0mm²	
22	TX2C	环境温湿度模块通信 RS232-地/RS485-地	RVVP1.0mm²	
23	TX2+	环境温湿度模块电源+	RVVP1.0mm²	
24	TX2-	环境温湿度模块电源-	RVVP1.0mm²	
25	BY1	备用1	RVVP1.0mm²	
26	BY2	备用2	RVVP1.0mm²	

线路1

引脚号	标记	标记说明	电缆规格	备注
1	HZ+	合闸输出+	RVVP1.5mm²	
2	HZ-	合闸输出-	RVVP1.5mm²	
3	FZ+	分闸输出+	RVVP1.5mm²	
4	FZ-	分闸输出-	RVVP1.0mm²	
5	DDW	地刀位置	RVVP1.0mm²	可选
6	YF	远方/当地	RVVP1.0mm²	可选
7	HW	合位	RVVP1.0mm²	
8	FW	分位	RVVP1.0mm²	可选
9	WCN	未储能位	RVVP1.0mm²	可选
10	DQYBJ	低气压报警	RVVP1.0mm²	

续表

引脚号	标记	标记说明	电缆规格	备注
11	DQYBS	低气压闭锁	RVVP1.0mm^2	
12	BY1	备用1	RVVP1.0mm^2	
13	BY2	备用2	RVVP1.0mm^2	
14	BY3	备用3	RVVP1.0mm^2	
15	BY4	备用4	RVVP1.0mm^2	
16	YXCOM	遥信公共端	RVVP1.0mm^2	

　　根据航空插头引脚定义，严格按照二次回路图，把相关遥控、遥信、遥测电缆连接，并在控制电缆上做好标记，接线完毕后应将电缆固定在柜体两侧的线槽内。接线完成后，应配备两份开关柜二次侧接线图，一份带回运行班组留存，一份粘贴在现场柜门内侧，以便日后维护。端子排定义及分布见表6-10和表6-11。

表 6-10　　　　　　　　　　　组屏式 DTU 端子定义

序号	端子名称	端子用途
1	JD	交流电源输入
2	ZD	直流输出
3	UD	交流电压输入
4	ID	交流电流输入
5	GD	遥信电源
6	KD	操作电源
7	CD	控制和信号

表 6-11　　　　　　　　　　　遮蔽立式 DTU 端子定义

序号	端子名称	端子用途
1	1ZKK1	采样电压1空气开关
2	1ZKK2	采样电压2空气开关
3	8n	电压变送器
4	JD	电源输入
5	ZD	直流电源输出
6	UD	电压输入
7	TD	通信端子
8	ID	线路电流输入
9	CD	控制和信号

（3）DTU供电优先选择由TV柜（电压互感器柜）供电。考虑到TV柜的容量有限（一般不大于3kVA），建议TV柜低压侧只给DTU供电。在TV柜上增加一个专用的空气开关并引线至DTU处，作为DTU电源，如图6-7所示。低压线横截面积不得小于2.5mm²，且沿着专用的线槽敷设。

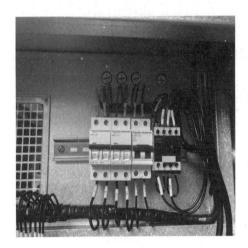 

图6-7　TV柜二次电源

若站所内无TV柜，可以从附近公用变压器低压侧接取，同样需要在低压总开关电源侧增加1个专用的小开关并引线至DTU处，作为DTU工作电源。如站房附近有2台或以上公用变压器，则分别从两台不同电源的公用变压器接取低压电源给DTU供电，一个为主供，另一个为备供。

四、通信接线

（1）配电自动化"三遥"终端宜采用光纤通信方式，以无源光网络方式组网，通过构建EPON链路，以星形或链形拓扑结构将配电站所三遥终端（DTU）与配电自动化主站进行通信。

（2）光缆的通道与控制电缆的通道宜保持一致，可选择从电缆沟敷设或从桥架引入。在敷设光缆时，为确保光缆安全，预留光缆尽量盘留在通信管道内，基站留长按15m预留，冗余留长按15‰，接头留长按10m/侧预留，光缆弯曲半径应不小于光缆外径的10倍，施工过程中不小于20倍。布放光缆必须严密组织并有专人指挥，牵引过程中应有良好联络手段。光缆布放完毕，应检查光纤是否良好。光缆端头应做密封防潮处理，不得浸水。

（3）ONU 设备与敷设好的光纤连接时，要保证设备正面单板拔插及维护空间，不得遮挡设备散热孔，安装时，设备与室外顶部或底部配线架、电源隔离，保证间距不小于 1U 空间（注：1U＝44.45mm）。

（4）当所有光纤接线完毕后，ONU 即可连接电源线。注意连接电源线之前，要在连接电源上安装单独的空气开关，电源线的截面积不小于 $1.5mm^2$。电源线布线应整齐美观，转角处要有弧度。

DTU 机柜内配有通信箱，通信箱内安装有 ONU、分光器、光纤配线架等设备。光纤配线间和分光器通过尾纤相连；分光器和 ONU 通过尾纤相连；ONU 和 DTU 站所终端通过通信五类线相连。光缆纤芯接线图，如图 6-8 所示。

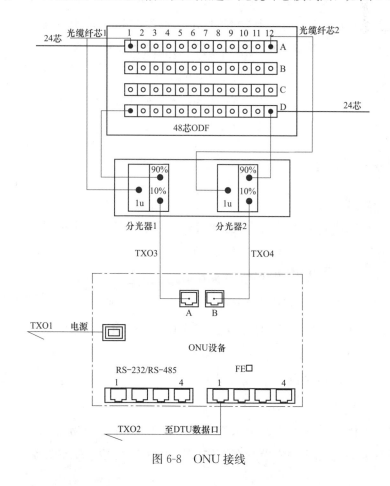

图 6-8 ONU 接线

任务二　三遥 DTU 现场联调

》**【任务描述】**　本任务主要讲述三遥 DTU 现场联调的流程、方法及注意事项。通过介绍三遥 DTU 操作说明、现场作业流程、现场联调标准以及故障处理办法等内容，使读者充分掌握三遥 DTU 现场联调的相关技能要领。

》**【知识要点】**

　　三遥 DTU 现场联调是指环网箱（室）完成站所终端安装及一、二次设备改造工作后，在具备调试的条件下，通过主站与站所终端的配合，逐一验证主站对该站所遥信、遥测与遥控功能的正确性，从而判断该站所是否具备投运条件，并满足实用化生产功能。

　　本节需要读者仔细阅读并掌握遥信、遥测与遥控核对试验中的操作步骤和核对标准。

》**【技能要领】**

　　一、调试准备

　　（1）在完成光缆焊接、开关柜改造等相关工作并满足调试条件时，配电自动化班组便可进入现场开展调试的相关准备工作。现场需准备的设备有笔记本电脑（已安装调试软件）、万用表、继电保护测试仪、串口线、螺丝刀、网线、电压电流连接线及短接线、红色绝缘胶布。

　　（2）DTU 通电后，需对面板上的指示灯逐一检查并查看窗口是否有异常信号。

　　（3）人员。包括配电自动化班组成员、DTU 厂家、施工班组及监护人员。

　　（4）工作票。由工作负责人进行关于工作任务、现场情况、安全措施及注意事项的交底，并要求所有工作成员履行工作票的确认签名。

（5）安全措施。认真执行二次工作安全措施票，对工作中需要断开的回路和拆开的线头应与监护人核对确认后，逐个拆开并用绝缘胶布包扎。

二、建立通信连接

（1）以许继公司 DTU 为例进行说明。用网线将笔记本电脑与 DTU 上的网口进行连接，单击测试软件的"维护导引"后，软件会自动搜索装置的 IP，在"维护操作引导"对话框（见图 6-9）中，选择需要维护的终端IP，点击"下一步"读取终端的参数。

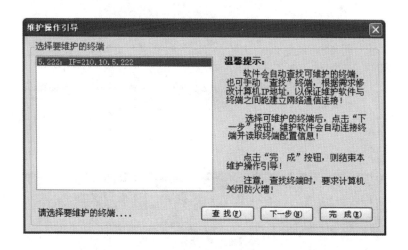

图 6-9　维护操作引导图

（2）当测试软件与网口连接后，右键点击装置图标，可选择"修改通信配置"进行 IP 地址等的配置。正确配置好 IP 地址等的选项后，选择连接。连接成功后，即可对 DTU 进行参数整定、三遥功能、各种事件记录信息查看、各种装置配置等的调试（见图 6-10）。遥测死区一般设为出厂默认值 1000，遥信死区防抖为 20～100ms（相对延长防抖时间可减少遥信误发的问题），零漂为 5%（可根据精度要求提高至 1%）。

（3）通信连接完成后，点击维护软件"网络"—"一体化装置"—"定值"选项，进入定值设置图（见图 6-11）。单击鼠标右键，选择"查询"，读取装置定值参数，再根据现场实际情况完成参数修改和下载，最后下发参数。

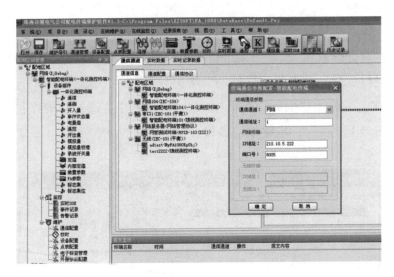

图 6-10　通信网口设置

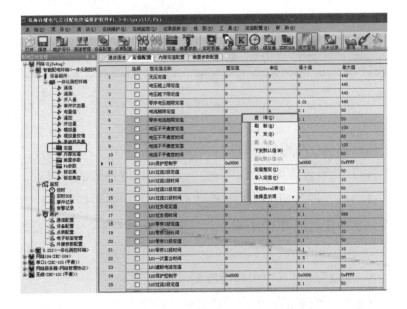

图 6-11　定值设置图

三、三遥核对试验

在完成站所终端的 IP 地址、传输参数设置后，可进行遥信、遥测与遥控相关核对试验。该项工作要求主站运维人员与现场调试人员的相互配合，通过电话保持实时沟通，完成主站信号、站所终端的显示状态、开关柜实际工作状态的三方面核对工作。

（1）遥信核对测试。在遥信核对测试过程中，如开关分合位、接地开关位置、远方/就地位置等状态可通过实际操作来完成，部分难以实际获取的遥信信号（如电池电压低、母线欠过压、电源异常、SF_6 低气压告警）可采用模拟开关量信号输入的方式，保证所有遥信信号正确上送至主站。

遥信测试需要核对的信号及具体方法如表 6-12 所示。

表 6-12   遥 信 功 能 校 验

序号	检验项目	检验内容及方法
1	远方/就地	检测方法： （1）正常工作状态下（"交流电源开关"合上，"蓄电池电源"合上），转换"远方/本地"开关。 （2）观察 DTU 液晶显示屏遥信状态是否正确。 （3）与主站核对，遥信上传点位是否正确，遥信量显示是否与现场一致
2	交流失电	（1）在正常工作状态下，断开"交流电源开关"。 （2）观察 DTU 显示屏，有"交流失电"信号。 （3）与主站核对，遥信上传点位正确，遥信信号与 DTU 显示一致
3	电池活化	（1）在正常工作状态下，按一下电源模块上的"电池活化"按钮。 （2）观察电源模块，"电池活化"指示灯亮。 （3）与主站核对，遥信上传点位正确，遥信信号与 DTU 显示一致
4	开关合位	检测方法 （1）该信号可与遥控合闸试验相结合，在合闸成功后，核对 DTU 显示屏与主站遥信信号的正确性。 （2）当试验开关柜处于分位时，短接端子排上的遥信点位 HW/YX 1：1 和 YXCOM/YX 1：7 并保持。观察 DTU 液晶显示屏，对应开关遥信位置应显示"合位"。与主站核对遥信上传点位和遥信信号与 DTU 显示一致。并且，在就地遥控合闸试验时，要核对开关柜实际合闸位置与 DTU 遥信信号显示的一致性

续表

序号	检验项目	检验内容及方法
5	开关分位	当试验开关柜开关处于分位时： (1) 观察 DTU 液晶显示屏，对应开关遥信位置显示为"分位"。 (2) 电话联系主站，确认遥信上传点位和遥信号显示正确
6	接地开关（此信号根据现场开关柜情况接入）	(1) 合上（断开）试验开关柜接地开关并确认实际位置。 (2) 观察 DTU 液晶显示屏，"接地开关"遥信信号显示"合位"。 (3) 电话联系主站，确认遥信上传点位和遥信号显示正确
7	过电流故障	(1) 划开 1ID：1、1ID：5 端子的短接片，并用红色胶布封好。 (2) 将继电保护测试仪的 A 相电流输出端子与 1ID：1 相连，将 C 相电流输出端子与 1ID：2 相连，接线完成并确认后，逐步将电流加至开关柜"过流故障告警"电流整定值的 1.05 倍。 (3) 观察 DTU 液晶显示屏，对应开关柜显示"过流故障告警"信号。 (4) 电话联系主站，确认遥信上传点位和遥信号显示正确（相电流遥测试验可与此步一同完成）。 (5) 试验结束后，将 1ID：1、1ID：5 端子的短接片并确认（TV 二次回路严禁开路）
8	接地故障	(1) 将继电保护测试仪的 A 相电流输出端子接至 I_0 测量端子 L401/1ID：3，N 相输出端子与端子 N402/1ID：4 连接，逐步将电流加至"接地故障告警"电流整定值的 1.05 倍。 (2) 观察 DTU 液晶显示屏，对应开关柜显示"接地故障告警"信号； (3) 电话联系主站，确认遥信上传点位和遥信号显示正确（零序电流遥测试验可与此步一同完成）
9	母线欠电压	(1) 先断开母线电压空气开关，再划开 A610/1UD：1、B610/1UD：2、C610/1UD：3 的短接片，并用红色胶布封好来电侧。 (2) 将继电保护测试仪的 A 相电压输出端子与 1UD：1 相连接，B 相电压输出端子与 1UD：2 相连接，C 相电压输出端子与 1UD：3 相连接。 (3) A 相电压加入 100V、0°，B 相电压加入 100V、-120°，C 相电压加入 100V、120°，继保仪 Uc 连接 C610/1UD：3，加 100V，相位 600。 (4) 将 A、B、C 三相电压逐步降低至 46V 左右（整定值/1.732），并且过程中时刻关注 DTU 显示屏上是否有电压异常显示。 (5) 在电压降至整定值的 0.95 倍时，DTU 液晶显示屏应显示"母线欠压告警"信号。 (6) 电话联系主站，确认遥信上传点位和遥信号显示正确
10	母线过压	接线方式与"母线欠压"信号相同： (1) 将 A、B、C 三相电压逐步升高至对应值（母线过压告警整定值/1.732），并且过程中时刻关注 DTU 显示屏上是否有电压异常显示。 (2) 在电压升高至整定值的 1.05 倍时，DTU 液晶显示屏应显示"母线过压告警"信号。 (3) 电话联系主站，确认遥信上传点位和遥信号显示正确

序号	检验项目	检验内容及方法
11	SF₆低气压告警（此信号根据现场开关柜情况接入）	（1）用短接线，在开关柜二次端子排上，短接遥信"SF₆低气压告警"位置，短接方式为短接 SF₆/YX1：6 和 YXCOM/YX1：7 所接的端子排上的点。 （2）观察 DTU 液晶显示屏发出"气压表告警"遥信信号。 （3）电话联系主站，确认遥信上传点位和遥信号显示正确
12	电池欠压（针对品牌 1DTU）	（1）用短接线，在终端电源模块的端子排上，短接"VC"和"VL"两个端子。 （2）观察本地遥信"电池欠压"指示灯，显示为长亮。 （3）电话联系主站，确认遥信上传点位和遥信号显示正确
13	电池欠压（针对品牌 2DTU）	（1）用短接线，在 CPU 面板的端子排上，短接"PYX3"和"PYX-COM"两个端子。 （2）观察本地遥信"电池欠压"指示灯，显示为长亮。 （3）电话联系主站，确认遥信上传点位和遥信号显示正确
14	电源故障（针对品牌 1DTU）	（1）用短接线，在终端电源模块的端子排上，短接"VC"和"VH"两个端子。 （2）观察 DTU 液晶显示屏，发出"电源故障"信号。 （3）电话联系主站，确认遥信上传点位和遥信号显示正确
15	电源故障（针对品牌 2DTU）	（1）用短接线，在 CPU 面板的端子排上，短接"PYX4"和"PYX-COM"两个端子。 （2）观察 DTU 液晶显示屏，发出"电源故障"信号。 （3）电话联系主站，确认遥信上传点位和遥信号显示正确

需要注意的是，每完成一个信号的核对工作都需要对 DTU 装置信号进行复归并且恢复开关柜原有的运行状态。完成上述所有遥信信号核对试验后，要与主站核对是否存在遗漏信号尚未核对。如果存在无法与主站正确核对的信号，可使用万用表分段检查该信号回路，从而定位缺陷所在位置。

（2）遥测核对测试。遥测核对测试是通过外界给予开关柜输入既定模拟输入量，并检查开关柜面板、DTU 以及主站显示是否准确的试验过程。在试验中，要严格执行二次安全措施并保证二次接线的正确性。

1）相电流及零序电流测试。

a）在试验前，首先应断开 Ia、Ic、Io 电流端子的连接片，并用红色胶布封好端子的一次侧，防止测试电流倒送以及分流现象的发生。然后，将继电保护测试仪的电流输出端子分别与各相遥测电流端子相连接。具体连接方式为：检测 A 相电流回路，需连接 A411/1ID：1 和 N413/1ID：7；检测 C 相电流回路，需连接 C411/1ID：5；检测零序电流回路，需连接 L401/1ID：3 和 N402/1ID：4。遥测核对测试如图 6-12 所示。

b）完成接线后，应预先电话告知主站侧配合人员。试验过程中，应逐步加大电流模拟量的数值，检查开关柜面板显示测量电流、DTU 显示测量电流以及主站遥测显示电流是否存在误差并做好数据记录。以继电保护测试仪所加的电流模拟输入量为基准，计算各侧数据偏差，要求偏差在 ±0.5％ 以内。如果某组试验中，某项数据偏差值较大，可进行重复试验。

图 6-12　遥测核对测试

2）功率及功率因数测试。

a）在试验前，首先应断开 Ia、Ic 电流端子和 Ua、Ub、Uc 电压端子的连接片，并用红色胶布封好端子的一次侧，防止测试电流、电压倒送以及分流现象的发生。

b）使用继电保护测试仪，分别给电压和电流回路添加模拟输入量。仪器的电流电压应与端子排上的电流电压端子二次侧相连接，具体接线方式为：A 相电压连接到 1UD：1；B 相电压连接到 1UD：2；C 相电压连接到 1UD：3；A 相电流连接到 1ID：1；C 相电流连接到 1ID：1。

c）有功功率试验（见图6-13）需分别采用二表法和单表法进行核对，具体电流电压模拟量如表6-13所示。

表6-13　　　　　　　　　二表法和单表法模拟量添加的参考对照

方法	加量端子	数值	相位（度）	有功上送值	功率因数
二表法	Ua	100V	−30	866	1
	Uc	100V	−90		
	Ia	5A	0		
	Ic	5A	−120		
单表法 A相	Ua	100V	0	500	
	Ia	5A	0		
单表法 C相	Uc	100V	0	500	
	Ic	5A	0		

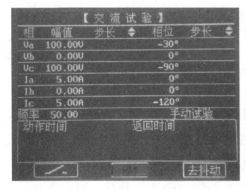

图6-13　有功功率试验

d）无功功率试验（见图6-14）可对A相和C相采用单表法进行核对，具体电流电压模拟量如表6-14所示。

表6-14　　　　　　　　　无功功率试验模拟量添加的参考对照

方法	加量端子	数值	相位（度）	无功上送值	功率因数
单表法 A相	Ua	100V	0	−500	−1
	Ia	5A	90		
单表法 C相	Uc	100V	0	−500	
	Ic	5A	90		

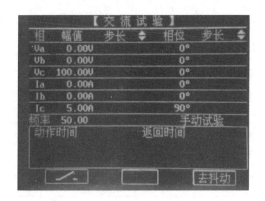

图 6-14　无功功率试验

完成接线后，应预先电话告知主站侧配合人员。试验过程中需要与主站人员核对电压、电流、有功功率、功率因数各项数据显示是否一致，并要求数据偏差不超过±0.5%。

功率方向确认需在现场恢复送电后进行。要求负荷电流流入母线为负，流出为正，并且带负荷试验的时间应事先确定。当出现联络开关等特殊情况时，应采取在合环操作或其他站所停电倒负荷时进行。

（3）遥控核对测试。遥控核对测试是指针对开关柜分合闸为控制对象，DTU 就地和主站远方控制指令正确性的核对试验。该试验需要注意：测试期间多个间隔的遥控操作不得同时进行；单个间隔测试完毕，应取下对应压板，确认开关分位后，才可进行下一个间隔的遥控操作；试验完毕后，应将 DTU 和开关柜的近远控开关（见图 6-15）打到原有状态。

1）安全措施布置。

a）自动化运维班及监控班完成相关数据库及画面检查。

b）被试验设备移至调试责任区，且试验时使用调试员账号登录。

c）遥控试验设备挂未投产牌。

d）试验区域用红色虚框标示，标明试验

图 6-15　远方/就地切换开关　区域。

e）试验过程做好与现场试验条件的确认：当地后台已经完成遥控试验；站内运行设备已经切在就地位置；遥控母线接地开关时，不存在一经操作就带电的风险。

f）遥控开关时采取"先控合再控分"的顺序，遥控母线接地开关时候，采取"先控分再控合"的顺序，先做低电压等级的设备，再做高电压等级的设备。

g）工作中加强监护，不超出工作范围。

2）履行遥控申请手续并在遥控工作票上履行签字确认手续。

3）就地遥控测试。试验前，合上开关柜操作电源空气开关，开关柜近远控开关打到远方位置，DTU近远控开关打到就地位置，完成后电话告知主站侧工作人员。试验过程中，通过DTU控制面板上的分合闸按钮控制开关柜的分合闸动作，并依次分别核对开关柜开关实际位置、DTU显示位置以及主站显示位置的一致性。此外，还应让主站工作人员在就地状态下进行遥控分合试验，确保遥控分合不能成功。

4）远方遥控测试。

a）试验前，合上开关柜操作电源空气开关，开关柜近远控开关打到远方位置，DTU近远控开关打到远方位置，并与主站确认接地开关分位信号和开关分位信号。

b）试验时，现场试验人员与主站保持通信，由主站远方操作完成开关柜分合闸动作，并与主站核对开关位置。在试验遥控电池活化和退出活化的功能时，可通过观察DTU背面的电池模块"活化"指示灯或DTU面板上的"电池活化"指示灯进行确认。试验完毕后，将DTU近远控开关打到"闭锁"位置，检查是否能够闭锁主站遥控信号。此外，还应在远方状态下进行就地分合试验，确保就地分合不能成功。遥控试验完毕后，将DTU切换至就地位置，确认主站遥控功能退出。电池模块指示灯如图6-16所示。

（4）调试结论在所有信号核对完毕后，现场应及时与主站确认点表中所有点位是否全部核对，未核对的应在工作票终结前补对，不涉及的点位

图 6-16　电池模块指示灯

应划去，保证点表核对的完整性。联调工作结束后，应检查核对自动化装置的空气开关、就地/远方旋钮和压板位置，防止误操作。

此外，需出具相应的试验报告。在终端侧，由施工班组提供终端调试报告，由自动化班、供电所、终端施工单位、监理共同验收，并填写验收卡。在主站侧，由配电自动化运维班完成主站侧联调报告。最后，双方报告交由调度，由调度确定设备是否投运。

三遥 DTU 与主站的联调

任务三　DTU 安装质量现场验收

≫【任务描述】　本任务主要讲解 DTU 安装质量现场验收。通过介绍 DTU 安装质量现场验收的知识要点和技能要领，使读者了解 DTU 验收的项目内容、流程、检查标准和功能要求等。

≫【知识要点】

DTU 现场验收是指 DTU 在现场安装调试完成，并达到现场试运行条件后所进行的验收。主要包括系统各部件的外观、安装工艺检查，二次回路接线检查以及系统功能和性能指标测试等内容。

一、现场验收应具备的条件

（1）DTU已完成现场安装、调试并已接入配电主站或配电子站。

（2）被验收方已提交上述环节与现场安装一致的图纸/资料和调试报告，并经验收方审核确认。

（3）被验收方依照项目技术文件及规范进行自查核实。

（4）验收方和被验收方共同完成现场验收卡编制。

二、现场验收流程

（1）现场验收条件具备后，验收方启动现场验收程序。

（2）现场验收工作小组按现场验收卡所列内容进行逐项检查与测试。

（3）验收检查测试结果证明某一项目不合格，被验收方必须对该项目进行整改或者重新调试。整改或者重新调试完成后，对该项目应进行重新验收。

（4）现场验收结束后，现场验收工作小组填写完成现场验收卡（见表6-15），形成现场验收结论。

（5）现场验收通过后，进入试运行考核期。

现场验收具体流程如图6-17所示。

》【技能要领】

一、柜体外观检查标准

（1）DTU柜本体外观应无损及变形，油漆完好无损，柜内元器件及附件齐全，无损伤性缺陷。

（2）DTU柜各结合处及门、覆板的缝隙应均匀，同一缝隙在1m之内的宽度之差不大于0.8mm，大于1m的宽度之差不大于1.0mm。

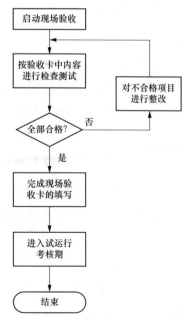

图6-17 验收流程

（3）柜门开启、关闭应灵活自如，门的开启角度不应小于120°，柜门开启后可牢靠支撑，不随意关闭。

（4）DTU设备按站点设计的定置图摆放正确、平整并牢固。

（5）DTU柜铭牌固定良好，门、门锁、操作面板（如有）平整完好。

（6）DTU柜柜内各构件间连接应牢固，各种设备应擦干净，柜内不应有杂物。

（7）DTU柜内文档格里摆放出厂图纸1份、竣工图1份、巡视周期卡1份。

（8）DTU柜体正确接地，接地铜线及接地电阻与设计要求对应，接地线线径不小于4mm²。

（9）DTU各空气开关标示清晰、填写正确。

（10）DTU端子排单元、航空插头、出口压板、分合闸指示灯，相关重要元件标示清晰。

二、电缆接线检查标准

（1）控制电缆规格型号、数量、长短、走向、线芯数、芯径规格按设计图纸要求选择。

（2）DTU柜侧航空插头与经校线后的电缆，套入标号管，标号管上面注明对端编号或线路功能号，以设计图纸为准，依照图纸接线。

（3）电缆线芯的切剥长度应满足端子可进部分的长度，保证线芯完全接入端子并压接严实，每个端子上最多只能接入两条线芯，一般都应该是一条线芯，对于硬线，线芯直接插入端子，对于软线，要求制作牢靠的线鼻子后接入端子。

（4）电缆线芯在端子排外延部分，应绕成U形，方便运维时电流钳临时夹线。

（5）开关柜侧与DTU柜侧的航空插头，要求准确对接并卡紧。

（6）端子排的电缆接线，一定要保证横平竖直，弯曲度一致，整体工艺美观，连接可靠，单条控制电缆多余线芯可整理在线槽内或绕成多个圈贴柜面放置，端头处用绝缘胶带缠绕。

（7）每条控制电缆要求统一命名，挂设粘膏牌，如控制电缆名称为遥测电流，起点为×××DTU柜，终点为×××间隔，规格为KVVP-8×2.5，并在DTU侧、电缆拐弯处并方便运维查看的地方标注清楚。

（8）电缆的屏蔽接地线，应用标准的黄绿接地线从屏蔽层引出，压接线耳后，整齐地连接在屏内的接地排上。

（9）如果是需要进行围圈的线芯，特别是接地线，其围圈的旋转方向应为顺时针，并与螺栓紧固的旋转方向一致。

（10）屏柜的电缆进入口要做好防鼠封堵，封堵要严密，且应美观。

三、DTU装置功能检测

（1）检测条件。

1）检测系统。现场检测系统示意如图6-18所示。

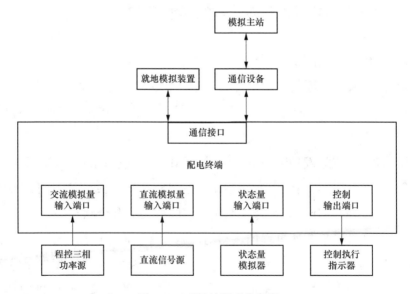

图6-18 现场检测系统示意

2）仪器、仪表的基本要求与配置，具体内容如下：

a）配电终端检测所使用的仪器、仪表应经过检测合格。

b）至少配备多功能电压表、电流表、钳形电流表、万用表、综合测试仪、三相功率源及独立的试验电源等设备。

135

3）现场检测前的准备工作，主要包括：

a）对新安装配电终端的验收检测，应了解配电终端的接线情况及投入运行方案；检查配电终端的接线原理图、二次回路安装图、电缆敷设图、电缆编号图、电流互感器端子箱图、配电终端技术说明书、电流互感器的出厂试验报告等，确保资料齐全、正确；根据设计图纸，在现场核对配电终端的安装和接线是否正确。

b）检查核对电流互感器的变比值是否与现场实际情况符合。

c）确认配电终端的所有金属结构及设备外壳均应连接于等电位地网，配电终端和终端屏柜下部接地铜排已可靠接地。

d）确认配电终端的各种控制参数、告警信息、状态信息是否正确、完整。

e）按相关安全生产管理规定办理工作许可手续。

（2）检测方法。

1）通信。通信测试主要包括以下内容：

a）与上级主站通信：主站发召唤遥信、遥测和遥控命令后，终端应正确响应，主站应显示遥信状态、召测到遥测数据，配电终端应正确执行遥控操作。

b）校时：主站发校时命令，终端显示的时钟应与主站时钟一致。

2）状态量采集。将配电终端的状态量输入端连接到实际开关信号回路，主站显示的各开关的开合状态应与实际开关的开合状态一一对应。

3）模拟量采集。通过程控三相功率源向终端输出电压、电流，主站显示的电压、电流、有功功率、无功功率、功率因数的准确度等级应满足 DL/T 721—2013《配电网自动化系统远方终端》的要求。终端的电压、电流输入端口直接连接到二次 TV/TA 回路时，主站显示的电压、电流值应与实际电压、电流值一致。

4）控制功能。主站向配电终端发出开/合控制命令，控制执行指示应与选择的控制对象一致，选择/返校过程正确，实际开关应正确执行合闸/跳闸。

5）其他功能。配电终端需要检测的其他功能如下：

a）馈线故障检测和记录：配电终端设置好故障电流整定值后，用三相功率源输出大于故障电流整定值的模拟故障电流，配电终端应产生相应的事件记录，并将该事件记录立即上报给主站，主站应有正确的故障告警显示和相应的事件记录。

b）事件顺序记录：状态量变位后，主站应能收到终端产生的事件顺序记录。

c）三相不平衡告警及记录：用三相程控功率源向终端输出三相不平衡电流，终端应产生相应的三相不平衡告警及记录，主站召测后应显示告警状态、发生时间及相应的三相不平衡电流值。

配电自动化站所终端安装验收卡见表 6-15。

表 6-15　　　　　　　　　配电自动化站所终端安装验收卡

一、公用信息

站点名称	DTU 厂家及型号	开关厂家及型号	逻辑地址	所属供电所	归档序号

二、柜体外观检查

检查项目	是否合格	问题记录	备注
1. DTU 柜本体外观应无损及变形，油漆完好无损，柜内元器件及附件齐全，无损伤性缺陷			
2. DTU 柜各结合处及门、覆板的缝隙应均匀，同一缝隙在 1m 之内的宽度之差不大于 0.8mm，大于 1m 的宽度之差不大于 1.0mm			
3. 柜门开启、关闭应灵活自如，门的开启角度不应小于 120°，柜门开启后可牢靠支撑，不随意关闭			
4. DTU 设备按站点设计的定置图摆放正确、平整并牢固			
5. DTU 柜铭牌固定良好，门、门锁、操作面板（如有）平整完好			
6. DTU 柜柜内各构件间连接应牢固，各种设备应擦干净，柜内不应有杂物			
7. DTU 柜内文档格里摆放出厂图纸 1 份、竣工图 1 份、巡视周期卡 1 份			

续表

检查项目	是否合格	问题记录	备注
8. DTU柜体正确接地，接地铜线及接地电阻与设计要求对应			
9. DTU各空气开关标示清晰、填写正确，如交流电源、蓄电池电源、装置电源、操作电源、通信电源、220V插座			
10. DTU端子排单元、航空插头、出口压板、分合闸指示灯，相关重要元件标示清晰			
三、电缆接线检查			
1. 控制电缆规格型号、数量、长短、走向、线芯数、芯径规格按设计图纸要求选择			
2. DTU柜侧航空插头与经校线后的电缆，套入标号管，标号管上面注明对端编号或线路功能号，以设计图纸为准，依照图纸接线			
3. 电缆线芯的切剥长度应满足端子可进部分的长度，保证线芯完全接入端子并压接严实，每个端子上最多只能接入两条线芯，一般都应该是一条线芯，对于硬线，线芯直接插入端子，对于软线，要求制作牢靠的线鼻子后接入端子			
4. 电缆线芯在端子排外延部分，应绕成U形，方便运维时电流钳临时夹线			
5. 开关柜侧与DTU柜侧的航空插头，要求准确对接并卡紧			
6. 端子排的电缆接线，一定要保证横平竖直，弯曲度一致，整体工艺美观，连接可靠，单条控制电缆多余线芯可整理在线槽内或绕成多个圈贴柜面放置，端头处用绝缘胶带缠绕			
7. 每条控制电缆要求统一命名，挂设粘膏牌，如控制电缆名称为遥测电流，起点为×××DTU柜，终点为×××间隔，规格为kvvp-8×2.5，并在DTU侧、电缆拐弯处、开关侧、方便运维查看的地方标注清楚			

检查项目	是否合格	问题记录	备注
8. 电缆的屏蔽接地线，应用标准的黄绿接地线从屏蔽层引出，压接线耳后，整齐地连接在屏内的接地排上			
9. 如果是需要进行围圈的线芯，特别是接地线，其围圈的旋转方向应为顺时针，并与螺栓紧固的旋转方向一致			
10. 屏柜的电缆进入口要做好防鼠封堵，封堵要严密，且应美观			
四、装置三遥信号检测			
1. 通信测试。包括与上级主站通信和校时			
2. 状态量采集。主站显示的各开关的开合状态应与实际开关的开合状态一一对应			
3. 模拟量采集。主站显示的电压、电流值应与实际电压、电流值一致			
4. 控制功能。主站向配电终端发出开/合控制命令，实际开关应正确执行合闸/跳闸			
5. 其他功能。包括馈线故障检测和记录、事件顺序记录和三相不平衡告警及记录			

验收结论：

安装单位负责人员：

验收单位负责人员：

验收时间：

项目七

终端日常运行
与维护

≫ 【项目描述】 本项目主要介绍配电自动化终端的日常运行与维护，以及在实际运行过程中发生的各种异常情况和故障的处理。通过典型缺陷和故障案例的介绍，着重介绍 DTU 的常见故障，掌握 DTU 常见故障的分析与处理能力，从而达到及时解决故障，保证设备安全稳定运行的目的。

任务一　终端运维管理要求

≫ 【任务描述】 本任务主要讲解配电自动化终端的运维管理要求。通过介绍配电自动化终端运维管理的内容，熟悉配电自动化终端运维管理的项目和要求，使读者更加清晰地了解配电自动化运行与维护的工作内容和要点，及时发现设备异常情况并正确处置。

≫ 【知识要点】

本任务主要从现场管理制度和人员要求、终端日常巡视、系统操作管理、缺陷管理、检修管理、投运和退役管理和技术管理等 7 个方面对配电自动化终端的运维管理要求进行详细介绍，帮助读者更好地了解配电自动化终端的运维管理内容与要求。

≫ 【技能要领】

配电自动化是确保配网安全、优质、经济运行，提高电网调度运行管理水平和供电可靠性的重要手段。配电自动化终端的运行状况，直接影响到配网的安全、优质、经济运行。因此，要制定相应的管理制度要求，并对终端进行日常巡视与检查，发现异常情况及时正确处置，确保配电自动化终端正常稳定运行。

1. 现场管理制度和人员要求

（1）配电自动化系统现场运行维护管理制度主要内容应包括运行值班和交接班、各类设备和功能停复役管理、缺陷管理、安全管理、检验管理、设备停复役管理等。

（2）应配置配电自动化专职运行维护人员，建立完善的岗位责任制。配置配电终端运行维护人员，负责配电终端的巡视检查、故障处理、运行日志记录、信息定期核对等工作。

2. 终端日常巡视与检查

配电终端运行维护人员应定期对终端设备进行巡视、检查（见图 7-1），重点检查设备外观是否良好、柜门是否关闭、信号灯是否正常显示、位置指示是否与实际一次设备位置一致、压板是否设置正确等，并填好配电自动化终端设备巡视卡（见表 7-1），发现异常情况及时处理，并按有关规定要求进行汇报。

图 7-1 终端日常巡视

表 7-1 　　　　　　　　　　配电自动化终端设备巡视卡

配电自动化终端设备巡视卡			
设备记录			
设备种类	设备生产厂家、型号	数量	站所名称
配电自动化终端设备			
			投运时间
通信设备			
巡视记录			
一、配电终端设备		设备情况	备注
1. 设备表面清洁，无裂纹、缺损、异响和异常声音			
2. 设备柜门关闭良好，无锈蚀、无积灰，电缆进出孔封堵良好，柜内无凝露			
3. 交直流电源正常，空气开关均在合闸位置			
4. 终端开关位置信号与一次设备位置一致			
5. 终端在远方位置			
6. 已投运相关自动化线路的遥控压板均在投入位置			
二、通信终端设备（通信 24h 值班电话）			
EPON 设备			
1. 设备表面清洁，无裂纹、缺损、异响和异常声音			
2. 背板指示灯：PON 绿灯闪烁，LOS 灭			
3. 面板设备指示灯：POWER 绿灯亮，ALARM 灭，RUN 绿灯闪烁			

巡视时间：

巡视人员：

3．遥控操作管理

（1）配电自动化系统操作分为远方遥控操作和就地遥控操作两种。

（2）配电自动化系统操作应严格执行操作票制度。

（3）三遥开关应优先选择远方遥控操作，需要就地遥控操作时要求通知主站挂牌，提高遥控使用率指标。

（4）5min 内可以对开关进行三次远方遥控操作，如果不成功，应及时通知该设备的运维单位进行消缺。

（5）当远方遥控操作不成功但仍然要继续操作时，由调度决定改为就地遥控操作，操作人员现场核对状态后，实施就地遥控操作。

（6）远方遥控操作时，必须认真监视和核对操作前后有关遥信和遥测值的变化。

4. 缺陷管理

（1）配电自动化系统缺陷分为危急缺陷、严重缺陷和一般缺陷三个等级。

1）危急缺陷：是指威胁人身或设备安全，严重影响设备运行、使用寿命及可能造成自动化系统失效，危及电力系统安全、稳定和经济运行，必须立即进行处理的缺陷。主要包括：配电主站故障停用或主要监控功能失效；调度台全部监控工作站故障停用；配电主站专用 UPS 电源故障；配电通信系统主站侧设备故障，引起大面积开关站通信中断；通信系统变电站侧通信节点故障，引起系统区片中断；自动化装置发生误动；配电分布式子系统退出运行整个配电自动化环退出运行单配电自动化环内有超过两个以上的自动化终端退出运行。

2）严重缺陷：是指对设备功能、使用寿命及系统正常运行有一定影响或可能发展成为危急缺陷，但允许其带缺陷继续运行或动态跟踪一段时间，必须限期安排进行处理的缺陷。主要包括：配电主站重要功能失效或异常；遥控拒动等异常；对调度员监控、判断有影响的重要遥测量、遥信量故障；配电主站核心设备（数据服务器、SCADA 服务器、前置服务器、GPS 天文时钟）单机停用、单网运行、单电源运行；配电自动化现场设备内严重凝露；单个自动化终端退出运行；遥测数据错误；遥信数据错误；自动化终端本体故障如：电源故障、交流失电、电池故障，遥测遥信板故障等。

3）一般缺陷：是指对人身和设备无威胁，对设备功能及系统稳定运行没有立即、明显的影响、且不至于发展成为严重缺陷，应结合检修计划尽快处理的缺陷。主要包括：配电主站除核心主机外的其他设备的单网运行；一般遥信量故障；其他一般缺陷。

（2）缺陷处理响应时间及要求。

1）危急缺陷：发生此类缺陷时运行维护部门必须在 24h 内消除缺陷。

2）严重缺陷：发生此类缺陷时运行维护部门必须在 7 日内消除缺陷。

3）一般缺陷：发生此类缺陷时运行维护部门应酌情考虑列入检修计划尽快处理。

4）当发生的缺陷威胁到其他系统或一次设备正常运行时必须在第一时间采取有效的安全技术措施进行隔离。

5）缺陷消除前设备运行维护部门应对该设备加强监视防止缺陷升级。

（3）缺陷处理流程。

1）终端运行人员、调控值班人员、主站运行值班人员、通信设备运行人员发现缺陷后，应立即填写××供电公司配电自动化缺陷处理单（见表 7-2），紧急缺陷和重要缺陷必须电话告知主站管理员和调度当值，并书面填写缺陷报告，出主站管理员判断和启动缺陷处理流程。

2）主站管理员收到缺陷报告后，与主站运行值班人员再次核对相关信息，并初步分析判断故障原因，然后将相关处理意见反馈给运行单位、检修单位和当值调度等，紧急缺陷和重要缺陷必须同时电话通知。

3）一般缺陷由设备主人上报检修计划，按照计划检修流程处理。

4）紧急缺陷由缺陷处理部门立即安排人员处理，要求 24h 处理完毕，处理完毕，试验正常后，填写××供电公司配电自动化缺陷处理单，书面汇报缺陷报告上报单位、调度和相关单位。

5）重要缺陷由缺陷处理部门在一周内安排人员处理，处理完毕，试验正常后，填写××供电公司自动化缺陷处理单，书面汇报缺陷报告上报单位、调度和相关单位；

（4）缺陷的统计与分析。

1）配电主站行维护部门应按时上报配电自动化系统运行月报，内容应包括配电自动化设备缺陷汇总、配电自动化系统运行分析。

2）配电自动化系统管理部门每季度应至少开展一次集中分析工作，不定期组织对遗留缺陷和固有缺陷的原因进行分析，制定解决方案。

表 7-2

配电自动化设备缺陷记录单

序号	缺陷发起							缺陷处理						缺陷处理确认（供电服务指挥中心）				
	缺陷内容	缺陷具体情况	发生日期/时间	缺陷初判	缺陷等级	缺陷发起部门	发起人/联系方式	缺陷处理情况（缺陷原因、处理内容、预计恢复时间）	处理结果	处理日期	部门	处理人/联系方式	缺陷原因最终确定	缺陷处理确认	恢复日期/时间	确认部门	确认人/联系方式	故障持续时间

5. 检修管理

（1）检修的分类。配电自动化系统检修维护工作按工作内容分可分为自动化设备安装、调试、检测和缺陷处理工作，按工作性质可分为紧急检修、临时检修和计划检修三类：

1）紧急检修：指由于设备发生紧急缺陷或故障导致的检修。

2）临时检修：指由于设备发生重要缺陷或计划检修以外的检修。

3）计划检修：指年度、月度、周检修计划中所确定的检修。

（2）检修的要求。

1）自动化新建或改造工程一般宜先完成通信设备安装、调试，在调试工厂进行模拟调试，后安装自动化终端，最后安装 TA 和电机（电动操动机构），并于安装电机当天进行遥控调试。

2）自动化终端设备的检验应尽可能结合一次设备的检修进行，并检查相应的遥控、遥测电缆及其接线端子。

3）设备检验应有设备专职负责人负责。检验前应作充分准备，如图纸资料、备品备件、测试仪器、测试记录、检修工具等均齐备，明确检验的内容和要求，在批准的时间内保质保量地完成检验工作。

4）在进行运行中的设备的检验工作时，必须遵守相关检验规程的有关规定，确保人身、设备的安全以及设备的检验质量。

5）对自动化终端核心单元进行维护工作时，应首先断开电源，以免在更换配件板或插拔主机与外设连接电缆时带电操作，导致设备破坏。

6）为保证自动化系统设备的正常维修，及时排除故障，有关自动化系统运行管理机构必须备有专用交通工具，厂、站端应试情况分别备有远动用的仪器、仪表、工具、备品和备件。

（3）检修申请的要求。

1）紧急检修的申请：配电自动化系统发生紧急缺陷或故障时，设备管辖单位需立即向相应调度提出紧急检修申请并通知相关主管领导及专职，并按相应调度批准检修时间完成检修。

2）临时检修的申请：配电自动化系统发生重要缺陷或需临时检修时，

设备管辖单位必须向相应调度提出临时检修申请（或相关主管部门出具联系单），并按批准检修时间完成检修。

3）计划检修的申请：配电自动化系统需计划检修时，设备管辖单位必须提前2周向调度提出检修申请（或相关主管部门出具联系单），并按批准工期完成检修。

（4）检修的安全措施。

1）TA安装、更换、检验及缺陷处理工作：开关本侧及对侧开关改线路检修状态，开具"第一种工作票"，采用二级许可方式（调度许可给供电局运行班组人员，运行班组人员转许可给施工单位工作负责人）。

2）配电终端侧TA电缆头插拔：开关本侧或对侧改热备用（或热备用非自动）状态，开第一种工作票，采用二级许可方式。

3）电机安装、更换、检验、调试及缺陷处理工作：开关本侧及对侧开关改热备用（或热备用非自动）状态，开第一种工作票，采用二级许可方式。

4）二次设备安装、检验、调试及缺陷处理工作：在自动化终端设备上进行工作，且一次设备不需停役或做安全措施时，应填用"第二种工作票"。一般自动化终端检修或缺陷处理工作应在设备当前运行状态下由运行班组许可给检修单位，并交待好相关注意事项。在自动化终端上检修或缺陷处理过程中，如需进行插拔航空插头或投退遥控压板等安全措施时，工作负责人应填用二次工作安全措施票。如二次设备工作需一次设备停电或做安全措施的，则开第一种工作票，采用二级许可方式。

5）已投运自动化设备停电检修时，必须将自动化的遥控功能退出运行（即为非自动化状态），同时注意：

a）线路停役过程中必须确认线路对侧为热备用非自动，线路本侧方能改线路检修状态，严禁线路一侧为热备用状态，另一侧直接改到检修状态。

b）线路复役过程中必须确认线路对侧为热备用非自动，线路本侧方能改热备用状态，严禁线路一侧为检修状态，另一侧直接改到热备用状态。

6）在遥测回路上工作，严禁 TA 开路，TV 短路或接地，并要保证其他专业设备的正常运行。

6. 投运和退役管理

（1）设备投退管理原则。

1）在自动化实施区域内新建开关站的自动化、通信设备应同步建设、同步验收、同步投入使用。

2）新研制的产品（设备），必须经过试运行和技术鉴定后方可投入正式运行，试运行期限不得少于半年。

3）新设备投运前配电自动化系统有关管理部门应组织对新设备的运行维护人员进行技术培训。

4）配电自动化设备永久退出运行，应事先由其设备主人向该设备的调度部门、主管部门提出书面申请，经批准后方可进行。

5）设备投/退流程如图 7-2 所示。

（2）新安装配电自动化终端设备投运。

1）新安装配电自动化终端设备正式投运前必须经过调试，验收合格。

2）施工单位应提交与现场实际情况相符的一次设备图，设备信息表及调试报告单。

3）主站运行值班人员核对相关信息，确保配电主站、配网相关系统（GIS 等）与现场设备的网络拓扑关系（一次主结线图）、调度命名、编号一致，遥信、遥控、遥测等配置信息准确。

4）已经实现自动化的端站自动化设备有远方和就地控制方式的应放置在远方控制位置，确保调度值班人员进行遥控时控制回路正常。

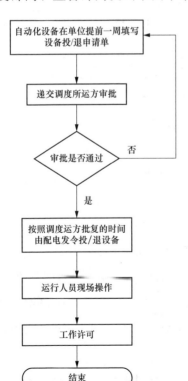

图 7-2　配电自动化设备投/退流程

5）投入运行的设备要明确的专职维护人员，负责正常的设备维修。

（3）配电自动化终端退出运行。除下列情况外，配电设备未退出运行的，其所属配电自动化终端一般不得退出运行。经配网调度班同意，下列情况允许设备退出运行：

1）定期检修、装置故障或异常需停役检修；

2）定期检修的自动化设备；

3）因一次设备检修，退役或改造而使设备停运；

4）其他特殊情况需停用的设备。

（4）退出运行的配电自动化终端设备恢复投运。

1）退出运行的配电自动化设备在退出后未做分解、维修、升级等变更作业的，经检验合格并确认内外接线均已恢复后方可投运。

2）对退出运行的配电自动化设备在退出后，所做的检验，维修，升级等变动，要及时整理记录，写出检验技术报告，修改有关图纸资料，使其与设备的实际相符并与配网自动化主站重新进行调试，重新递交投运单并征得配调值班人员同意之后方可投运。

7. 技术管理

（1）新安装配电自动化系统必须具备的技术资料。

1）设计单位提供已校正的设计资料（竣工原理图、竣工安装图、技术说明书、远动信息参数表、设备和电缆清册等）；

2）设备制造厂提供的技术资料（设备和软件的技术说明书、操作手册、软件备份、设备合格证明、质量检测证明、软件使用许可证和出厂试验报告等）；

3）工程负责单位提供的工程资料（合同中的技术细则书、设计联络和工程协调会议纪要、调整试验报告等）。

（2）正式运行的配电自动化系统应具备的技术资料。

1）配电自动化系统相关的运行维护实施细则、办法；

2）设计单位提供的设计资料；

3）现场安装接线图、原理图和现场调试、测试记录；

4）设备投入试运行和正式运行的书面批准文件；

5）各类设备运行记录（如运行日志、巡视记录、现场检测记录、系统备份记录等）；

6）设备故障和处理记录（如设备缺陷记录）（见表 7-3）；

7）软件资料（如程序框图、文本及说明书、软件介质及软件维护记录）；

8）设备因技术改造等原因发生变动，必须及时对有关资料予以修改、补充，并归档保存；

9）运行资料应由专人管理，应保持齐全、准确，要建立技术资料目录及借阅制度。

任务二　DTU 的异常处理

>> 【任务描述】　本任务主要讲解 DTU 常见异常情况的处理。通过对 DTU 常见的事故和异常情况及处理方法的介绍，熟悉 DTU 在实际运行中容易出现的异常情况，掌握常见异常情况的分析和处理能力，从而准确判断和消除设备缺陷，确保配电自动化系统正常运行。

>> 【知识要点】

在日常实际运行和维护过程中，现场环境、运维人员操作不当等会导致 DTU 出现各种异常情况。本任务主要对 DTU 常见的异常进行详细介绍，包括三遥（遥测、遥信、遥控）信息异常、通道异常和蓄电池异常，同时对上述异常情况的处理方法进行具体阐述，帮助读者快速判断和解决相同类型的故障。

>> 【技能要领】

一、DTU 遥测信息异常处理

1. 电压异常的处理

（1）电压外部回路问题的处理。将电压回路的外部接线解开，用万用表测量即可以判断电压异常是否属于外部回路问题。

（2）内部回路问题的处理。首先要了解电压回路的流程，从端子排到空气开关，再到装置背板。

1）端子排的检查：查看端子排内外部接线是否正确，是否有松动，是否压到电缆表皮，有没有接触不良情况。

2）空气开关的检查：检查电压回路的空气开关是否处于断开状态。

（3）线路的检查。空气开关把内部线路分成两段，一段是从端子排到空气开关的上端，另一段是空气开关的下端到测控装置的背板。断开电压的外部回路，将两端内部线路分别用万用表测量下通断，判断线路是否上有问题。

（4）遥测模件问题的处理。当电压采集不正确时，做好安全措施，更换遥测模件。更换模件时，需将设置地址上的拨码开关与旧板上的地址设置一致。

（5）CPU模件问题的处理。遥测模件采集到的数据最终送到CPU模件进行处理，测控装置上遥测异常也可能是因为CPU模件问题导致。如果电压回路和遥测模件没问题就更换CPU模件。

2. 电流异常的处理

（1）电流外部回路问题的处理。用钳形电流表直接测量即可以判断电流异常是否属于外部回路问题。

（2）内部回路问题的处理。首先要了解电流回路的流程，从端子排直接到装置背板。

1）端子排的检查：查看端子排内外部接线是否正确，是否有松动，是否压到电缆表皮，有没有接触不良情况。

2）线路的检查：在端子排把TA外部回路断接，从端子排到装置背部端子用万用表测量一下通断，判断线路是否上有问题。

（3）遥测模件问题的处理。当电流采集不正确时，做好安全措施，更换遥测模件。更换模件时，需将设置地址上的拨码开关与旧板上的地址设置一致。

（4）CPU 模件问题的处理。遥测模件采集到的数据最终送到 CPU 模件进行处理，测控装置上遥测异常也可能是因为 CPU 模件问题导致。如果电流回路和遥测模件没问题就更换 CPU 模件。

3. 有功、无功、功率因数异常的处理

在监控系统中，有功、无功、功率因数的采样是根据电压、电流采样计算出来的，所以不存在接线问题。如果电压和电流采样不正确，首先处理电压、电流采样问题。如果电流、电压采样正确，而有功、无功、功率因数异常，则可能是以下情况：

（1）电流、电压相序问题。检查外部接线是否有相序错误的情况。

（2）CPU 模件计算问题。装置内的有功、无功、功率因数计算由 CPU 模件处理，如果接线没有问题，就可能是 CPU 模件故障，可以更换 CPU 模件。

4. 频率的处理

频率是在采集电压的同时采集的，如果电压不正常，频率则显示出异常。所以处理频率问题和处理电压问题一样，如果电压没有问题，可以更换 CPU 模件。

5. 主站系统画面显示的 I/P/Q 数值与其他间隔遥测数据颜色不一致处理

运行人员需及时检查该装置是否正常运行。如果装置的运行灯点亮、数据刷新正常可视为数据采集正常。但是由于现在采用计算机网络系统，线路的松动甚至是交换机本身的损坏都能导致装置通信中断。如果发现该装置的 IP 地址无法 ping 通，就可以认为是 DTU 装置与网络的连接中断导致的。此时只需更换网络通信版或重新设置网络接头。

6. DTU 装置液晶面板上采集到的遥测数据异常处理

在装置液晶上的遥测值与实际值存在轻微差异，此时检修人员可以在做好安全措施的前提下接通标准校准源，在 DTU 装置菜单中选择"模件精度校正"，对测控装置交流采样模件进行在线校正。

7. DTU 装置遥测品质异常告警处理

由于遥测值只有超过死区范围才会引发装置主动上送，没有超过则默认为遥测值还是原来值。为了避免负荷曲线平缓处遥测值长时间不变的现象，可以适当地调低死区值，增加遥测值的小数位。归零范围内的遥测值视为零。在负荷很小的地区可以调低归零值，增加遥测值的小数位。

8. 遥测精度不高处理

由于变送器运行时间过长，出现误差的可能性就越高，进而出现明显的错误。另外还有一种可能，隔离变化和整流工作中的变送器的信号传输不精确，导致原因可能出在采集电阻本身上。除了这两方面的原因，还有一种可能就是变送器盘数量庞大，其在很大程度上导致遥测精度不高，还增加了对监控系统的维护工作。

针对这一问题，可以从采集元件着手，使用精度较高的采集元件，或转换使用算法交流模式精度较高的算法，避免出现遥测精度现象。

二、DTU 遥信信息异常处理

1. 信号状态错误的处理

（1）外部回路问题的处理。判断信号状态异常是否属于外部回路问题，可以将遥信的外部接线从端子排上解开，用万用表直接对地测量，带正电压的信号状态为 1，带负低压的信号状态为 0。如果信号状态与实际不符，则检查遥信采集回路。

（2）内部回路问题的处理。端子排的检查：查看端子排内外部接线是否正确，是否有松动，是否压到电缆表皮，有没有接触不良。

（3）遥信模件问题的处理。当遥信模件故障，需要断开设备电源，更换遥信模件。因为每个模件都有不同的地址，所以更换模件时，需将设置地址的拨码开关，与旧板的地址设置一致。

（4）遥信电源问题的处理。遥信电源如果没有了，会导致设备上所有遥信信号均为 0 状态，此时应该更换遥信电源。

2. 信号异常抖动

由于终端设备现场环境比较复杂，遥信信号有可能出现瞬间抖动的现象，如果不加以去除，会造成系统的误遥信。一般使用软件设置防抖动时间去除抖动信号。

三、DTU 遥控信息异常处理

遥控异常的现象有很多，常见的遥控异常现象主要有三种，即遥控选择失败、遥控返校不正确或超时、遥控返校正确但遥控执行失败或超时和遥控误动故障。

1. 遥控选择失败

遥控失败通常有以下几种可能：

(1) 通信中断故障。

1) 当通信方式是 RS-485 时，检查通信线缆是否接触不好或者开路现象，若有则更换通信线缆或者将其接触可靠；若线缆没有问题，则检查通信参数设置是否正确，若通信参数正确问题就可能出在通信插件上，需要更换。

2) 当通信方式是网络时，将交换机上连接通信中断设备的网线接到另一个指示正常的网口，如果通信恢复了，则交换机端口出现问题，否则就是终端设备的网卡故障。

(2) 终端设备处于就地位置。

(3) CPU 模件故障。

2. 遥控返校不正确或超时

(1) 主站端与厂站端通信异常。在主站通过 ping 命令可以对路由器、远动机和保测装置的 IP 地址进行连通性测试，分层分段进行通信排查，做到逐步缩小故障排查范围的目的。

(2) 测控装置处于就地位置。测控装置面板上有 1 个"远方/就地"切换开关，用于控制方式的选择。"远方/就地"切换打到"远方"时可进行调度遥控；打到"就地"时只可在监控单元进行就地操作。当"远方/就地"切换打到"就地"时，在主站/远动机遥控时就会出现遥控"返校错误"的现象，这时将其打到"远方"即可。

(3) 遥控模件问题。遥控模件故障会导致 CPU 不能检测遥控继电器的状态，从而发生遥控返校错误。这种情况可关闭装置电源后，更换遥控模件解决。

3. 遥控返校正确但遥控执行失败

（1）模拟通道的问题。当该站下行通道接线端子接触不良，或通道受到较大电磁干扰，信号衰减较大，使得下行电平降低较大或通道误码率过高，可造成对象选择报文、执行报文丢失，导致主站系统开出回路执行模块对象继电器不能闭合，这时对通信信道环路进行检查，查看收发的报文是否一致，如不正常可查看线路是否松动、串接或有强电干扰。

（2）控制电源的问题。如果直流控制电源的电压过低（蓄电池容量不足），或者控制回路断线时也会出现开关拒动，遥控执行超时的故障。但这种情况一般都会有相应保护信号报出，也可测量现场电压是否正常。

（3）遥控执行继电器问题。因遥控继电器无输出影响遥控操作的可关闭装置电源，然后更换遥控模件解决。

（4）遥控执行继电器动作但端子排无输出。该种情况检查遥控回路接线是否正确，其中遥控公共端子排中间串入一个触点，即遥控出口压板，除了检查接线是否连通外，还需要检查对应压板是否合上。

（5）遥控端子排有输出但无遥信信号返回。可以将遥信的外部接线从端子排上解开，用万用表直接对地测量，正电压的信号状态为 1，负电压的信号状态为 0。

（6）开关机构的电机储能电源未合上，操作机构的弹簧未储能，导致开关拒动，遥控失败，可分为两种情况。

1）弹簧已储能触点没有串入合闸回路。当进行多次遥控合闸操作时，由于弹簧未储能，开关不能合闸，合闸线圈长时间带电，很容易烧坏。

2）弹簧已储能触点串入合闸回路。由于弹簧机构未储能，导致保护装置发控制回路断线信号，同时弹簧未储能光字也会报出，当执行遥控操作时，装置会报遥控执行超时，遥控拒动。

（7）配电自动化系统中保护装置地址号问题。在系统中，由于某一块保护装置的地址号设置错误，可能会导致整个配电站遥控拒动，这种故障不易被发现，只能通过现场仔细巡查保护装置配置发现问题。

4．遥控误动故障

（1）由于人为遥控操作不当，误合其他间隔断路器。

（2）由于系统故障导致程序、数据库紊乱，误合其他间隔断路器。

运维人员要加强重视，充分了解遥控操作的原理，熟悉操作过程，提高安全意识，严格把关，最大限度地避免误操作或者操作失败等现象的发生。

四、DTU 通道异常处理

DTU 通道异常表现为配电主站 ping 不通配电终端装置，会使配电主站无法进行有效监视，远方监控完全瘫痪，从而使配电站自动化系统失去作用。

通道异常的主要原因为：

（1）一般配电终端都是通过主备通道切换模式（如 EPON 手拉手）向配电主站上送数据，通道切换若不正常，会造成通道异常问题。

（2）通道异常可能是由于物理通道出现异常造成的，也有可能是在通信层面出现的问题造成的。

一般配电终端连接至通信终端采用网络接口或串口通信接口。首先通过 ping 指令，判断通道异常的原因在于通信终端往上部分还是配电终端部分。若为通信部分问题，则按照以下两种主要方式进行处理：

1）网络通道异常的处理。首先需检查网络通信线接头是否符合制作标准，网络线是否完好，网络交换机工作是否正常。还要检查网络通道的好坏，并正确配置路由器，合理分配通信用 IP、子网掩码及正确配置网关地址。

2）串口通道异常的处理。首先要检查通信接线是否正确，两侧收发是否需要交换。

五、蓄电池的异常处理

（1）蓄电池壳体异常。

1）造成原因：充电电流过大、充电电压过大，内部短路或局部放电、温升超标、控制阀失灵等。

2）处理方法：减小充电电流、降低充电电压，检查安全阀门是否堵死。

（2）运行中浮充电压正常，但一放电，电压很快下降到终止电压。

1）造成原因是蓄电池内部失水干涸、电解物质变质。

2）处理方法是更换蓄电池。

六、DTU 本体异常处理

1. 通信故障

（1）检查网线是否松动、接错；

（2）检查装置 IP 地址是否设置错误；

（3）更换 CPU 模块。

2. I/O 模件故障

检查模件地址没有设置错误，如果地址正确，需要更换相应的 I/O 模件。

3. 装置电源故障

用万用表测量电源各组输出电压，如果某组电压异常，则需要更换装置电源模件。

任务三　典型缺陷案例分析

➢【任务描述】　本任务主要讲解站所终端典型缺陷案例情况的分析和处理。通过对三遥站所终端典型缺陷的案例进行介绍和分析，熟悉三遥站所终端在实际运行当中容易引发的缺陷和故障，并掌握典型的缺陷和故障处理方法，便于在今后的实际现场中出现类似情况时能够快速解决，确保三遥站所终端正常稳定运行。

➢【知识要点】

本任务主要以实际现场三遥站所终端典型缺陷为例，对故障的现象和查找故障的过程进行详细阐述和分析，查明原因并提出相对应的防控措施。

通过一系列实际现场三遥站所终端典型缺陷案例的介绍，帮助读者快速判断和解决相同类型的缺陷和异常。

》【技能要领】

一、终端通信参数异常

1. 案例描述

终端 IP 地址被不同的终端重复使用，造成 IP 地址冲突。

2. 过程分析

某供电公司某三遥终端安装在某环网箱，采用光纤通信，自安装送电之日起一直正常运行。某天，主站人员通过后台发现该终端当前通信状态处于"在线"状态，但过一会儿又"离线"了。于是配网自动化运维班组前往现场进行故障原因排查，发现故障终端采用光纤通信，而与该终端接在同一台 ONU 上的其他终端通信正常，排除了 ONU 故障的可能性。于是将故障范围确定为 ONU 至终端的网线上和终端本身硬件故障、参数错误等三个方面。

第一步，检查终端通信参数里主站 IP、端口号等均显示正常，检查终端 IP、网关、端口号也没有发现问题，进行记录并通知主站侧运维人员核实参数是否正确。

第二步，用网线检测仪器检查网线通断情况，发现网线正常。

第三步，更换上行通信模块，待终端上线后，通知主站侧运维人员召测实时时钟，通信仍然时好时坏。

第四步，梳理终端 IP 地址分配登记表，发现该终端的 IP 地址被分配在另一座环网箱上使用，造成 IP 地址重复使用，相互冲突，如图 7-3 所示。

当终端被重新分配了新的 IP 地址后，其通信时好时坏的现象得到彻底解决。

3. 防控措施

（1）终端安装时，网线敷设要符合规范，水晶头制作工艺满足要求，并测试正常。

环一 IP 地址分配表			
站所	IP 地址	网关	备注
101 环网柜	10.134.15.49	10.134.15.1	
102 环网柜	10.134.15.50	10.134.15.1	
103 环网柜	10.134.15.51	10.134.15.1	
104 环网柜	10.134.15.52	10.134.15.1	
105 环网柜	10.134.15.53	10.134.15.1	
106 环网柜	10.134.15.54	10.134.15.1	
107 环网柜	10.134.15.55	10.134.15.1	
108 环网柜	10.134.15.56	10.134.15.1	
109 环网柜	<u>10.134.15.57</u>	10.134.15.1	
110 环网柜	10.134.15.58	10.134.15.1	
111 环网柜	10.134.15.59	10.134.15.1	
112 环网柜	10.134.15.60	10.134.15.1	
113 环网柜	10.134.15.61	10.134.15.1	

环二 IP 地址分配表			
站所	IP 地址	网关	备注
115 环网柜	10.134.15.63	10.134.15.1	
116 环网柜	10.134.15.64	10.134.15.1	
117 环网柜	10.134.15.65	10.134.15.1	
118 环网柜	10.134.15.66	<u>10.134.15.57</u>	
119 环网柜	10.134.15.67	10.134.15.1	
120 环网柜	10.134.15.68	10.134.15.1	
121 环网柜	10.134.15.69	10.134.15.1	
122 环网柜	10.134.15.70	10.134.15.1	
123 环网柜	10.134.15.71	10.134.15.1	
124 环网柜	10.134.15.72	10.134.15.1	
125 环网柜	10.134.15.73	10.134.15.1	
126 环网柜	10.134.15.74	10.134.15.1	
127 环网柜	10.134.15.75	10.134.15.1	

图 7-3　终端 IP 地址重复使用

（2）终端 IP 地址，由信通人员规定号段后，由一人负责分配使用，必须保持 IP 地址的唯一性。现场安装运维人员在设置参数后，必须在复核后拍照上传。主站侧流程人员应核对工单与照片的一致性。

（3）对于在一个月内重复出现非人为原因造成通信参数丢失现象的终端，应予以更换。

二、三遥站所终端遥控失败

1. 案例描述

在对某新投环网箱（室）进行验收调试时，主站对某进线开关进行遥控分合闸试验，发现主站遥控功能无法实现。

2. 过程分析

某供电公司调试人员在测控装置执行某 1 路遥控时发现遥控失败，于是在测控装置上执行"手控操作"，发现还是操作失败。

使用进线开关柜面板上的手动分合闸按钮进行试验，操作成功，证明一次设备没有问题,将问题锁定在终端控制设备与进线间隔的连接回路上。按照原理图,并使用万用表欧姆挡逐段检查通断情况,发现遥控压板不对应。压板上的出厂标签被现场施工单位的调试人员使用新标签覆盖了,将新标签拆除,发现新标签和该遥控压板的实际用途相比,正好错位了1路,新标签标为"回路2分合闸"的其实是"回路3分合闸"的遥控压板。因此实际上在进行第二路遥控时,调试人员投上的"回路2分合闸"压板,实际上是"回路3分合闸"压板,真正的"回路2分合闸"压板并未投上,所以导致遥控失败。更换正确的标签,投入该路压板后,遥控执行成功,如图7-4所示。

图 7-4 遥控压板图

3. 防控措施

遥控信息异常是三遥站所终端常见的一种故障,其安装规范程度、调试是否正确将严重影响配电自动化系统的正常运行。因此,在安装调试过程中,要严格把关安装质量,验收工作要细致到位。

三、遥信信号异常故障

1. 案例描述

某环网柜某进线间隔原处于运行状态，调度人员对该间隔执行遥控分合闸命令时，遥信信号显示该进线开关仍处于合闸位置，但潮流显示为 0，预判该间隔可能存在遥信信号异常故障。

2. 过程分析

二次检修班成员首先查阅了该站检修记录，确认以往该间隔遥信信号并无异常问题发生。前往现场后，开关机械位置、电气指示显示该进线开关确处于断开状态。现场手动分合闸试验与调度台进行开关状态遥信点位的核对，确认该间隔遥信信号异常。

打开 DTU 背板，发现异常信号所在的遥信板的背板指示灯亮度明显不足。检修人员首先怀疑遥信板存在问题，并予以更换出厂试验合格的新板，但故障依旧存在。在排除遥信板故障可能性后，对照回路原理图，检修人员依次检查了 DTU 接线、遥信回路，并用万用表对确认遥信正电源为 +24V。最后对遥信公共电源进行检测时，发现电压仅为 −3V 左右（遥信负电源正常情况下应为 −24V）。检查此处接线，发现该处接线未完全插入孔槽，造成虚接。

在处理完该间隔后，为防止该隐患可能存在于该环网柜其他进线间隔，对其依次进行了细致排查，发现并无类似问题。

3. 防控措施

（1）结合日常巡视工作，将 DTU 内端子排上并接多条二次接线的情况作为巡视重点对象，消除接触不良的隐患。

（2）在对环网柜年检、缺陷处理等工作开展时，要在工作完成后依次对端子排的螺栓进行紧固并检查，确保不留后患。

（3）加强终端箱内环境巡视，防止二次线出现锈蚀、凝露等现象，必要时进行封堵、除湿方面的改造。

四、切换把手功能异常

1. 案例描述

某环网单元年检工作中，进行开关间隔的遥控试验时，发现当"远方/

就地"切换把手无效。即使切换把手处于"就地"位置，该间隔开关仍可进行遥控分合闸操作。

2. 过程分析

检修人员首先排查了"远方/就地"把手接线是否正确，核对把手各副接点是否与图纸对应，排除了接线错误。

然后排查"远方/就地"把手内部接点是否粘死。切换把手，后台"远方/就地"信号变位正常；断开操作电源，使用万用表检查把手切换各副接点开闭正常，排除了把手故障。

在对开关柜二次仓（见图 7-5）接线检查时发现，DTU 遥控分合闸输出信号错接在了就地开关就地分合闸按钮所在端子排上，没有按要求接在遥控分合闸回路上，并且端子排接线图与实际存在不符的问题。

图 7-5　开关柜二次仓端子排

检修人员向设计人员提出更新端子排的要求，在更新后重新接线，遥控功能恢复正常。

3. 防控措施

发现图纸与实际不符的问题时，应及时提出或在原图上作出明确标记，从源头上避免接线错误。

五、潮湿引起的操作机构失灵

1. 案例描述

某环网柜处于潮湿环境下，且长时间没有进行相关的操作，导致控制回路及弹簧开关等相关的辅助触点出现了不同程度的老化或者生锈的问题，从而使得操作机构灵敏度降低，甚至无法使用的现象。

2. 原因分析

导致开关柜内潮湿的原因可以归纳为以下几个方面：

（1）各类柜体的材质、制作、安装工艺、设计缺陷、雨后驱潮不及时等产品自身问题，导致外界潮湿空气易渗入箱体并聚集。

（2）开关柜作为封闭式结构，内部空气流动性差，当周围空气相对湿度较大时，遇到柜体以及柜内金属裸露部分很容易凝结为水珠，这为凝露的产生创造了条件。

（3）箱柜底部与电缆沟连接的孔洞存在缝隙，使得电缆沟中潮气通过孔洞或缝隙导入箱内且未能够及时排除，造成了柜内水分的进一步淤积。

3. 防控措施

（1）严格把控安装环网柜过程当中所使用的工艺。在对新的终端建设时，适当提高环网柜的基础高度。此外，考虑到环网柜所处环境比较恶劣，应尽可能选用不锈钢材料来进行环网柜外壳、连接部件等的制作。

（2）多途径进行除湿处理。可以从物理除湿和化学除湿两方面入手，物理除湿为对流通风和加热除湿，化学除湿是采用刷防水漆和干燥剂的方式。

1）对流通风：采用风机进行空气对流通风，能加快对流。

2）电加热除湿：在电柜内安装加热器（见图7-6），并通过温湿度控制器来实现对电柜内温湿度的自动控制。加热器工作时，高温度的空气能包含更多的水分，促使设备上凝露的蒸发。

3）刷涂防水漆：在开关柜底部涂抹一层厚厚的防水漆，隔绝电缆孔洞经防火泥封堵后的缝隙。

图 7-6 电柜内安装加热除湿器

（3）加强开关柜的巡视维护。环网箱（室）运行效率的提高及故障率的降低离不开日常维护和检修巩固。在进行日常巡视时，要特别注意开关柜的门和面板是否锁紧，注意开关柜内部的前上柜、前下柜、后柜的脏污情况及是否有异物存在。在进行检修时，要认真做好隔室的清扫任务，确保无异物、无脏尘。在实际的检修和维护中，应特别关注开关柜内部设备触头的检查维护，要做到定期查看，保证触头部分结构稳定，没有松动及脱落现象。同时检查触头外观，观察是否发生氧化变色，检查触头和触头片表面的光滑程度。在验收和维护的工作完成后，应对开关柜一二次电缆的进线处（特别是二次电缆进线间的缝隙）和其他多余孔洞的封堵情况进行检查，确保封堵完整有效。

六、停电后手合于故障无法跳闸

1. 案例描述

某环网箱（室）使用的保护装置为无源保护，故障跳闸后，需要对开关柜进行传动试验。检修人员使用大电流发生器对电流互感器一次侧通流，二次电流显示已达到保护装置整定值，保护装置正确动作，但是开关无法正确动作。

2. 过程分析

考虑到由于只在一次侧通入单相电流（正常运行为三相都有电流），装置提供的脱扣线圈的功率不够，检修人员在电流互感器一次侧加入 5 倍的整定电流。保护装置采用的是无源保护，通过电容储能的方式维持保护装置断电后持续工作。检修人员为排除储能电容的影响，通过外接 24V 电源的方式给保护装置供电，并重新进行传动试验。

试验结果：在外接电源的情况下，第一次的动作电流稍大于整定电流值。第二次传动试验时，加入整定电流值开关能够正确动作。切断外接电源后，短时间内，使用大电流发生装置在电流互感器一次侧加电流，保护装置正确动作，开关正确跳闸。

在确定是储能电容导致以上现象后，检修人员对保护装置的断电持续工作时间进行了记录，发现储能电容一般只能维持保护装置 2.5h 左右的正常工作时间。当储能电源失电后，在仅靠电流互感器一次侧提供电源的情况下，需要满足二次充电电流在 0.1A 以上且充电 30s 以上，开关才能正确动作。

3. 防控措施

（1）终端站所保护装置建议采用有源保护。

（2）建议检修人员对不同厂家、不同型号保护装置的工作原理加深了解，准备 24～48V 的外接备用电源，便于环网箱室的日常检修维护。

七、电流显示不正常

1. 案例描述

主站显示某环网柜一条进线显示电压正常，电流和功率为 0。

2. 过程分析

检修人员到达该环网柜后首先查看该条进线保护装置的电流显示，发现测量和保护电流都为 0。对保护装置电流二次接线以及遥测电流接线均按原理图进行来排查和紧固，保护和测量电流依旧为 0。待该间隔停运后，对电流互感器一次接线进行了检查，发现接线有所松动。对一次接线连接处添加新的弹簧片并重新紧固，用大电流发生器进行电流互感器一次侧电流模拟，遥测和保护装置显示正常。

3. 防控措施

（1）在对一次设备进行检修时，应预先做好紧固位置的定位，确保恢复时连接部位连接足够紧密。

（2）弹簧垫片垫圈用于螺母下面用于防止螺母的松动。应在拆解开关时，单独放置。由于施工位置狭窄，为图工作方便，在缺失弹簧垫片的情况下直接将连接件安装上去，由于处于振动状态下的开关柜容易发生连接部位的松动。

八、误报过流故障导致开关分闸

1. 案例描述

某开闭所终端误报 A、C 相过电流故障，开关分闸，后经抢修人员现场排查无故障，合闸送电正常。第二天该站所终端又误报 B 相过电流故障，开关分闸，抢修人员到达现场勘查，发现一次设备无异常，线路可以正常合闸送电。

2. 过程分析

（1）配电一次设备抢修人员排查环网柜、变压器、开闭所等一次设备未发现异常，配电二次运检人员排查自动化设备控制回路二次接线，排除虚接、短接情况，检查遥测航空线通路良好，检查遥测回路无异常。

（2）调度主站人员进入调度自动化主站调取主站报文，无启动记录及由主站下达的遥控操作命令记录，排除调度人员误操作及主站系统故障问题。

（3）技术人员将现场出问题 DTU 板卡及程序参数备份发给 DTU 厂家研发人员进行分析。经过厂家检测人员近 20 天的 DTU 长期运行及保护实验测试，发现 DTU 板卡出现遥测电流不准确，造成电流采集偶尔超过故障设置阈值，导致配电终端 DTU 误报过电流故障。由此判断误报过电流故障原因为 DTU 遥测采集板卡内部故障，需更换遥测采集板卡。

（4）技术人员调阅了 DTU 装置的重启时间记录和参数配置（见图 7-7），

发现 DTU 在前期调试时，过电流保护跳闸功能被勾选启动，然而后期现场工程人员在升级参数配置时，DTU 过电流保护跳闸选项虽然已经设置退出，但是 DTU 没有重启复位导致新参数配置没有生效，因此该 DTU 仍然具备跳闸功能。

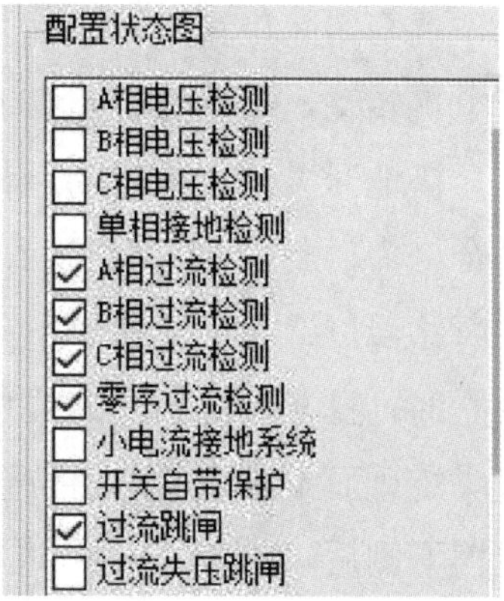

图 7-7　功能参数配置图

3. 防控措施

（1）要求各终端厂家通过软件程序升级方式将现场的 DTU 跳闸功能取消，确保 DTU 终端不具备控制开关功能，保证线路的供电可靠性。

（2）加强现场工作结束后的验收工作，确保 DTU 设备参数设置正确，如果软件程序升级后应重启设备确保新参数配置生效。

（3）DTU 运维人员应加强巡视，定期对系统程序进行核查，对一次设备和二次接线认真巡视。

（4）配电抢修人员应具备基本一、二次设备故障排除或隔离技能，避免因二次设备问题造成重复故障。

九、DTU 上显示接地开关位置与实际不符

1. 案例描述

某开关柜上的 DTU 上显示接地开关位置与实际位置不一致。DTU 上显示接地开关一直在合位，将开关合上后，接地开关显示为分位。

2. 原因分析

（1）将二次小室的航空插头拔下来之后，DTU 上全部显示分位，说明航空线至 DTU 没有问题。

（2）用万用表检查一次柜二次小室端子排下口，确认 S5 行程开关控制接地刀闸信号，S7 行程开关控制开关分合信号，初步认为是 S5 行程开关动合动断触点接反，将 S5 行程开关的触点线反接，但是问题仍然存在。

（3）继续分析原因，发现该行程开关位置安装错误，导致接地开关显

示位置与实际位置不符，而是与开关分合信号相反。此时，当断路器合闸时电机转动，带动黑色机构顶住 S7，动合变为动断，DTU 上显示开关合位，接地开关分位；当断路器分闸时，电机转动，带动黑色机构顶住 S5，动合变为动断，DTU 上显示断路器分位，接地开关合位。但接地开关位置与断路器位置在正常状态下不应该呈现这种关系，它们的位置关系应该是独立的，且并非是相反的关系，接地开关显示的位置应由接地开关实际位置决定，而不是由断路器位置决定。后来，技术人员将 S5 的位置改到黑色机构下侧后，当断路器分闸状态下合接地开关时，中间圆形机构只顶住 S5，接地开关显示合位，断路器显示分位；分接地开关时，中间圆形机构不顶 S5 和 S7，DTU 显示接地开关和断路器位置均为分位；当接地开关分闸状态下合开关时，中间圆形机构只顶住 S7，DTU 上显示断路器为合位，接地开关为分位。由此可以判断，将 S5 的位置改到黑色机构下侧后，DTU 上接地开关和断路器位置显示正常。

3. 防控措施

（1）在设备调试及验收过程中，工作人员没有仔细核对验收每一个设备在不同位置时显示是否正确，马虎大意，因此留下了该缺陷隐患。在施工结束后，工作负责人和运维人员在验收应该认真检查核实，确保设备各项功能及位置显示正确。

（2）此次事件原因不能完全排除由于工作人员技能水平不足导致接地开关位置显示错误的可能性，也可能是工作人员混淆了断路器与接地开关闭锁的概念。因此，生产班组应定期进行人员技能水平提升培训。

参 考 文 献

［1］　国家电网有限公司运维检修部. 配电自动化运维技术［M］. 北京：中国电力出版社，
　　　　2015.

电网技术图书中心

责任编辑：穆智勇
邮　　箱：zhiyong-mu@sgcc.com.cn
电　　话：010-63412336

跟着电网企业劳模学 系列培训教材

- 汽轮机流量特性与机网协调控制
- 35kV 及以上集中式光伏电站接入系统设计实例
- 内悬浮（内拉线）抱杆组立铁塔
- 支柱绝缘子无损检测技术及案例分析
- 变电站就地化保护安装调试技术
- 变电二次设备运检安全防范技术
- 配电网工厂化施工
- 配电自动化建设与运维
- 配电网安全督查案例分析
- 用电信息采集系统计量异常分析及处理
- 电力物联网通信技术与应用
- 电网仓储建设与改造设计

中国电力出版社官方微信

中国电力百科网网址

ISBN 978-7-5198-5043-2

9 787519 850432 >

定价：48.00 元

上架建议：电力工程／培训教材